香港談食錄

—— 中餐百味

一 徐成 著 一

序一

People in Hong Kong love food. They always talk about food , even when they are eating food.

Kyle's book would be a great guidance to understand the diversity of Hong Kong's food scene deeply and widely. That's how I have learned from my friend Kyle.

香港人熱愛美食。即便是在享用美食時他們也在談論美食。

Kyle 的書將非常有助於大家深刻且廣泛地瞭解香港美食圖景的多樣性。我也從我的朋友 Kyle 處獲益良多。

佐藤秀明

Ta Vie 旅主廚

食物拉近人與人之間的距離,而我與 Kyle 的相識結緣於
VEA 剛開業沒多久,他現在不單是 VEA 及「永」常見的座上
客,我們更結為好友,或許是因為我們對食物都擁有著同樣
的執著及熱誠吧!每次見面他都會真誠地分享食後感,並主
動了解每道菜背後的故事。閒時,我們更會相約到不同餐廳
邊吃邊小酌兩杯,互相交流飲食見聞,印象中我們都是相聚
於餐桌上的。

他周遊列國廣嚐天下名肴珍饈,甚至會再三到訪同一間餐
廳,切身體驗每次菜肴的昇華及演變,從而將他對美食的熱忱
及知識轉以文字的形態分享給大家,編織成這本書並收錄了他
對多間星級食府的真摯情感。Kyle 的每一篇文章都充滿著真摯
的想法,一字一句都充分描述菜式的味道、形態及典故,讓人
身處何地都可細緻入微地感受箇中滋味。

鄭永麒
VEA、永行政總廚及創始人

序三

　　要為一位自己很喜歡的作者寫序，於我而言是不容易的事。

　　忘了跟徐成兄是怎麼認識，但是從泛泛之交到交淺言深，是被他的文字所驚艷，觸發了想要建立友情的動機——有才華的朋友，永不嫌多。他雖然從事金融業，美食書寫只是業餘愛好，但卻寫出比起許多所謂的美食作家更為專業、有深度、有視角的文章。徐兄的美食文章，左手引經據典，對於典故、歷史等娓娓道來；右手剖析微芒、擘肌分理，輔以他廣闊的視野、行雲流水的文字，每一篇文章都好讀得很。

　　徐兄的文章，不止是對於美食有熱情有追求，還要有堅實的知識基礎、有見過世面的內涵、有觀察入微的能力，以及對寫作有自我要求，才能產生的高度。我懂，因為我也是一個寫美食的人，有時候我讀著他的文章，也會恨自己怎麼寫不出來呢？呵呵。

　　這本香港談食記錄，每一篇文章都擲地有聲，我反覆細閱，依然愛不釋手。他對於寫作的講究和堅持的態度，亦提醒了我，人生擁有自己所熱愛的事，是多麼幸福的一件事。愛吃的人比比皆是，寫吃的人更是恆河沙數，但能帶來智慧、啟發

的文字，寥寥可數。幸運的是，在微明天色中，我們抬頭一看，有一顆叫徐成的晨星。

謝嫣薇
美食評論家、飲食專欄作家

認識徐兄的機遇，是透過夥伴推薦他來鄙店作客。

當年夥伴的介紹是：徐兄是來自金融界的學霸，酷愛美食，也有寫作美食相關的文章；訪日吃喝頻繁，精通日本食材和料理，他的菜單可以放膽設定。跟著我順手拜讀了徐兄網誌內的文章，參考了一下他對美食的視角與期望，希望能取得一些待客的標準與靈感。

徐兄的文風多變，但從不缺深度的背景研究及對審美觀的設定。如今網上食評氾濫，所謂的食評大多是平鋪直敘的菜單描述及筆者飯後的主觀感受；可能因為徐兄不是本地人的關係，他文章的視角往往能找出不同店舖中，有關菜系、歷史、廚師及料理等各主題中有趣的點，再透過海量的調研後，展開描述、補充細節及為各個論點提供證據，有著論文風範的知識含量。

談論美食的門檻很低，但底蘊卻極深。菜系的發展與地理、氣候、歷史、原住民和移民文化等因素有著不可分割的關係；說到餐廳的發展則與當時的人文、經濟及消費者口味有莫大關係。如欲真正掌握各地美食知識的脈絡，這些資訊都是必

修的課題。而要建立對料理的審美觀，從認識餐廳主廚的背景、理解料理科學的理論，到大量累積料理的品嚐經驗後作出的理性比較，方能建立合理而工整的美學視角。

如果你希望瞭解香港的人文和歷史如何影響了本地餐飲業發展、各家本地名店料理的來龍去脈，或希望進一步認識我們耳熟能詳但從未深究過的名菜，從而獲得更多美食中的樂趣，本書值得你用心一讀。

伍德倫
飲食作家、餐飲投資人

那天讀了徐成兄一篇「小城回味」，當中描繪家鄉嵊州的熱麻糍糰，說到親友們如何把剛蒸好的梗米用木椿搗下去，如何人手快速翻摺驚心動魄，他如何伸著脖子等待，然後蘸著紅糖一口咬下……筆觸輕淡卻是思鄉情濃，看了數段，我彷彿跟著徐兄文字到了嵊州老宅，與他家人嚐了一頓軟糯有勁的冬筍炒年糕。麻糍吃過，還未知嵊州在哪裡，翻查之下，原來是浙江紹興市內一文明古城，除了年糕著名，亦是最早出現小籠包的地方。當地人怕「嵊」字生僻，於是用杭州小籠包作招徠，成了名動中外的美食。

徐兄本是金融科研究生，外匯專才，現在是香港中環人，想像中，他理應正經八百。誰知一碰面，天南地北，由西班牙 Asador Etxebarri 的煙熏魚子醬說起，到日本京味[1]九十多歲大廚，堅持從廚房走出來為客人掛起外套，及至京都小店 Soba Rojina，柑橘蕎麥麵清爽醒神等等，豐盛內容排山倒海。他那饞舌的樣子，更似是飲食界資深內行人，或是一位久經磨煉的大廚。我一直不明白朋友這「天生饞」如何煉成，後來看到他對

嵊州食物懷戀之情，才有所領悟。尋根究底，二千年小城飲食文明流入徐兄血液，有如此底蘊，美食自不甘心淪為味蕾上的過客了。

「北國鄉愁」、「末代風流」、「不知有漢」，單看此書目錄，已是賞心悅事。徐兄談陸羽，除了著名的杏汁白肺湯外，不會忘記那些年長侍者的氣勢，以及「彈指一揮……八十年光陰後的孤零」；提到西北菜巴依餐廳的手抓羊，禁不住歎「偶然來襲的鄉愁是亙古不變的文人命題」。讀到此處，不禁想起梁實秋先生的「雅舍談吃」。我最愛梁先生的飲食文字，他說，佳肴美食固然五味紛陳，最濃厚動人的味道，還是感情。是的，尤其在這網絡年代，食物流為放閃工具，繁華目眩，卻缺乏營養。幸好，還有徐兄可堪細味的文章。

我們做餐廳的，最需要聽客人意見，口說如此，廚師們還是喜歡聽讚美說話。我常以此為戒，年近花甲，自己騙自己還未騙夠嗎？所以，只想聽認真的批評，越詳盡越好。可惜大部分老主顧客氣，花花轎子人抬人，堅決不說或在門面帶過。徐

成兄不一樣，相交不久，有一天問他意見，朋友坦率，出手精準，認為我們的話梅松鼠魚做得不夠酥，失去原意。我同意，佩服，被刺中穴道，有讚有彈才是真高手。這一天盡興，高山流水，我們喝了不少。

「上天生人，在他嘴裡安放一條舌，舌上有無數的味蕾，教人焉得不饞？饞，基於生理的要求，也可以發展成為近於藝術的趣味。」這也是梁實秋先生說的。徐兄，期待你更多的作品。

葉一南

大班樓店東及創始人、飲食專欄作家

註

1.　西健一郎於二〇一九年七月二十六日去世，京味當年底結業。

序六

Kyle Xu's collection of essays is a love letter to Hong Kong through the lens of food, at a time when many may find the city less easy to love due to recent events. It is a meditation of a city facing accelerated changes, for food is a real time reflection of the city's culture, history, economy, politics, and demography. In recent years our food scene has seen a number of changing vectors.

I came back to Hong Kong in 2003 to assist the opening of Alain Ducasse's Spoon at Hotel Intercontinental. It was the beginning of an era of internationalization for the local dining scene, as foreign celebrity chefs expanded into the city. Previously, serious restaurants existed mostly within hotels, where one would find luxury flagships such as La Plume at the Regent, Gaddi's at the Peninsula, Petrus at the Island Shangri La, Toscana at the Ritz Carlton, and later on, Amber at the Landmark Mandarin and Caprice at the Four Seasons. Earlier imports were few and sporadic: Jeremiah Tower had Peak Café for a few years in the 90s, Jean-Georges Vongerichten ran Thai fusion Vong atop the Mandarin Oriental for a decade, and most spectacularly, Joël Robuchon came out of retirement to open Robuchon a Galera at the old Lisboa Hotel in Macau in 2001.

Closely following Ducasse, Pierre Gagnaire opened Pierre (replacing Vong). Other celebrities over the years included Mario Batali, Gordon Ramsay, Rainer Becker, Michael White, Gray Kunz,

Laurent Tourondel, Jason Atherton, Tom Aikens, Paco Roncero, Yannick Alléno, Jean-Georges (again), Mario Carbone, Virgilio Martínez, Björn Frantzén, Paulo Airaudo, and Simon Rogan, among others. The Japanese delegation included Shinji Kanesaka, Masahiro Yoshitake, Seiji Yamamoto, Nobuyuki Matsuhisa, Hiroyuki Sato, Takashi Saito, Hideaki Matsuo, Takahiro Yamagishi, Mitsuhiro Araki, and Hiroki Nakanoue. Within the COVID years alone, chef Mingoo Kang and Sung Anh from Seoul and Diego Rossi from Milan opened new outposts in Hong Kong.

While the influx of heavyweights legitimized Hong Kong as a world class food capital, it also became a magnet for countless ambitious, pedigreed young chefs who arrived to take advantage of the bustling local economy (fueled by mainland China's rise). These chefs elevated the city's culinary benchmarks to the highest and most current standards and seeded the city with talents and proteges who continue to drive the culinary scene forward to this day.

However, changes haven't always been for the better.

The cost of operating restaurants in Hong Kong has become prohibitive. For example, rent at my first restaurant "On Lot 10" tripled in the span of 6 years, with salaries for entry level cooks doubled.

The segments that suffered most were the cost intensive local gourmet palaces that demand big floor spaces and teams. Places like the iconic "tycoon canteen" Fook Lam Moon (and its offshoot Seventh Son), requires multiple teams equipped with specialized, non-overlapping skills to function properly - dim sum, BBQ meats, and classic banqueting, for example. It would almost be the equivalent of running three separate restaurants simultaneously. At the other end of the spectrum, small, low priced/low margin "mom and pop" restaurants also suffered disproportionally, as these value driven businesses have little room to absorb or to pass the inflated costs onto their grassroot customers.

Labor shortage compounded the problem. The familiar stories – too many restaurants; youngsters opting for university instead of working; hospitality workers migrating to retail where working conditions are relatively comfortable. The non-stop openings of new hotels to meet tourist demands also increased competition for workers, often offering above-market salaries and benefits.

The rise of social media changed the business fundamentally, turning the dining into a global spectator sport, supercharged by adjacent media entities such as Michelin, 50Best, OAD, Tabelog and Ctrip Gourmet List, etc. Kyle Xu, in his own right, also became an active and influential figure within the new food/media ecosphere.

Kyle comes from the vantage point of a new class of elite global diners, being multilingual, highly educated, resourceful, and well-travelled, and who has dined extensively in the best restaurants across the world. He has the added benefit of coming from Mainland China, being fluent with an important cuisine that has long been misrepresented by its emigrant variants and misunderstood by the world.

China has come a long way in many aspects, not least its culinary renaissance. It is said that the secret to China's overall success lies in its open-minded consumers who are willing and eager to embrace progress. With the country ravaged by chaos and poverty for much of the past century, its people are now simultaneously rediscovering their cultural roots, and paradoxically, restarting from a blank slate. Mainland restaurants are not only redefining dining cultures at home but are rejuvenating standards that have been taken for granted in Hong Kong and abroad. Some of the most exciting Chinese restaurants currently in

Hong Kong are recent mainland imports.

In this book Kyle has curated a diverse selection of restaurants belonging to different cuisines, new and old, casual and serious. Collectively, I think it succeeded in capturing a nuanced and relevant snapshot of a changing city, eulogies for some almost gone and new horizons for others struggling to be birthed.

近幾年香港經歷的種種，令許多人覺得要愛這座城變得沒那麼容易了。而 Kyle 的這套散文集正是在這樣一個時代裡，透過食物視角為香港寫就的一封情書。食物可實時反映出一座城市的文化、歷史、經濟、政治及人口組成，因此本書亦是對一座面臨加速變遷的城市之沉思。過去幾年，我們的美食圖景在許多維度上都發生了變化。

二〇〇三年我回港協助 Alain Ducasse 在洲際酒店裡開設 Spoon[1] 餐廳。隨著外國名廚在香港佈局，標誌著本地餐飲面貌國際化時代的開啟。此前，嚴肅餐廳主要開在酒店裡，例如麗晶酒店的 La Plume[2]、半島酒店的 Gaddi's（吉地士）、港島香格里拉酒店的 Petrus（珀翠餐廳）、麗嘉酒店[3] 的 Toscana[4]，以及之後開業的置地文華東方的 Amber 和四季酒店的 Caprice 等等。早期也偶有個別名廚進軍香港的，上世紀九十年代 Jeremiah Tower 曾在港開了幾年 Peak Café[5]；Jean-Georges Vongerichten 在文華東方酒店上開了十年的泰式融合餐廳 Vong[6]；而最受人矚目的

是二〇〇一年，已經退休的 Joël Robuchon 復出，在澳門老葡京酒店開設了 Robuchon a Galera[7]。

緊跟 Ducasse 之後，Pierre Gagnaire 開設了 Pierre[8]（替代了 Vong）。這些年來，其他來港的西方名廚有 Mario Batali、Gordon Ramsay、Rainer Becker、Michael White、Gray Kunz、Laurent Tourondel、Jason Atherton、Tom Aikens、Paco Roncero、Yannick Alléno、Jean-Georges（捲土重來）、Mario Carbone、Virgilio Martínez、Björn Frantzén、Paulo Airaudo 和 Simon Rogan 等等。而日本方面則有金坂真次、吉武正博、山本征治、松久信幸、佐藤博之、齋藤孝司、松尾英明、山岸隆博、荒木水都弘及中之上公起等。光是疫情這幾年，就有來自首爾的姜珉求和安成宰，以及來自米蘭的 Diego Rossi 在香港開設了分店。

重量級人物的湧入使香港成為世界級美食之都的同時，亦吸引了無數雄心勃勃、師承顯赫的年輕廚師，他們來到這裡藉著繁華的當地經濟（獲益於內地的崛起）發展事業。這些廚師將香港的餐飲水準提升到了最高，亦是最與時俱進的標準上，並為這座城市培養了繼續推動餐飲圖景發展至如今模樣的人才和門徒。

然而，並非所有的變化都是向好的。

在香港經營餐廳的成本已到了令人望而卻步的水準。例如我的第一家餐廳 On Lot 10 的租金在六年內翻了三倍，初級廚師

的工資則翻了一番。

受負面影響最大的是本地一些成本密集型的美食殿堂，它們需要大面積的經營空間和龐大的團隊。比如標誌性的「富豪飯堂」福臨門（以及分流出來的家全七福）等餐廳需要多個具備專業化且不重疊技能的團隊才能正常運營，比如點心部、燒臘部及宴會部等。這差不多相當於同時運營三家獨立的餐廳。另一方面，小型的、廉價／低利潤的「夫妻檔」食肆也遭受了不成比例的負面影響。因為這些性價比為先的餐廳，幾乎沒有空間消化通脹的影響，或將其轉嫁給草根消費者。

勞動力短缺使問題加劇。熟悉的劇情輪番上演——餐廳數量過多；年輕一代選擇上大學而不是直接工作；一些餐飲酒店業員工轉職到零售業，因為工作條件相對舒適；而且為了滿足遊客需求，新酒店不斷開張，酒店集團常提供高於市場的工資和福利，這也加劇了搶奪勞動力的競爭。

社交媒體的興起從根本上改變了餐飲業，將其變成了一項全球性的觀賞運動。而《米其林指南》（Le Guide Michelin）、50 Best、OAD、Tabelog 及攜程美食林等一類榜單亦給如火如荼的餐飲業添了一把火。在這浪潮裡，Kyle 憑藉自身能力，在新興餐飲媒體生態圈裡成為了活躍且有影響力的人物。

Kyle 的優勢在於，他屬於一個新興的環球精英食客階層；精通多種語言，受過良好的教育，聰慧機智且廣泛遊歷，遍訪

世界各地頂級餐廳。他的另一個優勢來自於其內地背景，這使得他非常熟悉中餐，而中餐在國際上的形象受移民改良版本的扭曲日久，廣受世界誤解。

內地在許多方面都取得了長足的進步，中餐的復興是其中重要的一點。有觀點認為內地總體的成功秘訣在於擁有思想開放的消費者，他們願意且渴望擁抱進步。上世紀的大部分時間裡，這個國家飽受動盪和貧困的蹂躪，中國人民現在正在重新發掘自身的文化根源；有悖常理的是，似乎一切都從白紙重新開始。內地的餐廳不僅在重新定義自身的飲食文化，亦正在香港及海外促進那些世人覺得理所當然的標準之提升。目前香港的一些最令人感到興奮的中餐廳便來自內地。

Kyle 在書中討論了一系列餐廳，這些餐廳十分多樣化，分屬不同菜系，橫跨新舊，亦照顧到精緻餐飲與日常小店。總體而言，我認為本套書成功為一個不斷變化的城市捕捉到了細微卻直擊要害的驚鴻一瞥，為一些行將就木的餐廳獻上了悼詞，並替其他努力誕生的餐廳描繪出了新視野。

黎子安

Neighborhood 主廚及創始人

註

1. 已結業。
2. 已結業。
3. Ritz Carlton 舊名，現統一名為「麗思卡爾頓酒店」。
4. 已結業。
5. 已結業。
6. 已結業。
7. 已重新命名為「天巢法國餐廳」（Robuchon au Dôme）。
8. 已結業。

寫給香港餐廳的一組情書

八年前的某個深夜，搬來香港未久的我有感於本地餐飲之發達，決定在網絡上撰寫點飲食文字與人分享。這便是我飲食寫作的緣起。

文字是信使，通過網絡它自會傳到有緣人眼前。我只按自己的想法一篇篇寫來，集腋成裘，八年來竟也寫了幾百篇。我將其中有關香港的篇目選摘了一些，又補入超過一半的新篇章，組成了這本《香港談食錄》。

這是一本關於香港餐廳和美食的散文集，我無意將其寫成覓食指南。這些文字是用餐體驗帶來的思考，也探討了餐廳對本地文化及歷史的影響，更講述了餐廳背後的人和故事。當然每一家餐廳最先觸動我的一定是食物本身，「文以載道」，美食便是主廚們表達自我的「文」。因此本書內容都從美食出發又回歸到美食，脫離味覺體驗的情懷抒發在我看來是無意義的。

寫作時，回味美食時的幸福感，想起食運不佳時的遺憾

感，感歎世事變遷的無奈感，展望未來的期待感，還有深夜查看食物相片時的飢餓感⋯⋯五味雜陳都一一湧上心頭。這些文字是在複雜心緒下寫成的，它們好似一組我寫給香港餐廳的情書。

可以說，對於美食的熱愛是流淌在我的血液裡的。上世紀九十年代初，雖品嚐不到世界各地的美食，但我的家鄉四季分明、物產豐富，家裡的餐桌上從不缺美味佳肴。父親負責買菜，他一向是不時不食主義者；母親負責下廚，她善於烹製各類時令美味。當年同學好友們最愛來我家吃飯，此情此景回想起來都覺溫馨愉快。

我有個年長我一輪的家姐，她離開家鄉後，假期裡我常去她讀書和工作的城市遊玩。她不僅熱愛美食佳釀，且有敏銳的味覺；青出於藍，她的烹飪水平不在母親之下。小學時，她就帶著我去吃壽司、法餐、泰國菜和印度菜等等，這些都是我飲食上的啟蒙。

後來我去北京求學，一住就是七年。當年的北京各類餐廳雲集，我在那裡拓展了眼界，但覺餐飲深度較為不足。廣度和

深度可用來衡量一個城市的餐飲發達程度，廣度指餐飲門類的齊全度；深度指每一門類高水準餐廳的比例。多數大城市由於外來人口眾多、經濟發達，廣度往往是可以的，然深度則需要長時間的積累和發展，且與該地風土人情息息相關。雖則城市發展促進餐飲業發展，但各地長久以來形成的飲食審美和消費偏好，導致兩者未必完全相關。

定居香港後，從探索小店到出入精緻餐廳，我很快就意識到本地飲食文化之發達程度。與城市面積及人口數量相比，香港餐飲業的廣度和深度令人驚歎。小小一座城，七百多萬人口卻擁有那麼多高品質的餐廳。不僅精緻餐飲可謂大中華區翹楚，本地小店和平民飲食中歷史悠久、出品精良者亦不在少數；「美食之都」可謂名副其實。「情不知所起，一往而深」，我很快便愛上了香港豐富多彩的餐飲圖景。

香港的發展史是一部文化碰撞與融合的史詩。開埠之初華洋雜處，動蕩亂世中移民湧入，經濟騰飛時各路冒險家紛至沓來，新時代新移民注入新鮮血液。這些不同國籍、文化背景迥異的人們來到香港，帶來了各自的飲食習慣，為香港餐飲業的多元化添磚加瓦。香港的飲食文化以嶺南文化為底色，蘇浙文化、潮汕文化為補白，北方文化為點綴；西洋文化為裝裱，印巴文化、東南亞文化、日本文化為潤色，其他文化雜處其間，形成了一幅多姿多彩、融合共生的美妙畫卷。

食色，性也，對於美食的追求是一種發自本能的慾望，而從中又可昇華出對美的追求。經濟基礎是這種昇華的必要條件，當社會實現溫飽後，對於飲食的追求開始具有審美的特點。我們在品嚐美食時，視覺、嗅覺、聽覺、味覺，乃至觸覺都參與其間，相對於其他藝術門類，飲食是最為全方位的感官刺激，也是最不可複製的體驗。

　　影視作品可以反覆觀看，舞臺藝術可以錄製影像，繪畫雕塑和裝置藝術保護得當亦可長久觀賞，建築藝術不歷天災人禍可存千年，音樂作品灌成唱片永不走樣，而飲食卻是一時一地的獨特體驗。即便是同一間餐廳，甚或同樣的菜品，我們每次的體驗都會受各種物理、化學、心境和環境因素的影響。美食告訴我們要珍惜當下，銘記每一次的因緣際會。

　　美味食物不僅帶來愉悅感，還會讓人產生共情與回憶，進而發人思考。精緻餐飲追求的更是完整的用餐體驗，除烹飪之外，建築、室內設計、音樂、視覺藝術，以及人與人之間的互動都是其中重要的組成部分。因此一間好的餐廳，可以說是人類諸多文化成果的集大成者，切不可將飲食貶低為滿足口腹之慾而已。

　　「發乎情，止乎禮」，對於餐廳的討論正如談情說愛，靈感的來源往往是感性的，而探討的過程則基於理性，在兩者中尋找平衡點是我一直以來的寫作追求。Julia Child[1] 說，「愛

吃的人永遠是最好的」（People who love to eat are always the best people）。我想她指的是懷著赤子之心的美食愛好者，對美食的熱情應該是純粹的，而非沽名釣譽、葉公好龍般。堅持自費品嚐和不寫鱔稿是我的基本原則，不然寫出些虛情假意的文章，「自己都不愛，怎麼相愛」？

贅言絮煩就此打住，希望我的文字可帶給諸君美的享受，好似開啟一扇門去窺見香港美食圖景的一角。其他想表達的都已在文字中了。

本書付梓之際，我要感謝眾多為我烹調美味佳肴的大廚們，他們的料理和職業故事是這些文字的直接靈感來源。感謝飲食界亦師亦友的前輩們，我從他們身上獲益良多。感謝謝媽薇小姐為我與香港三聯書店牽線搭橋，她對美食的理解和感悟亦給我頗多啟發。感謝香港三聯書店的趙寅小姐，她是本書得以立項的功臣。感謝我的編輯李毓琪小姐，她細緻負責的工作是本書品質的重要保障；我們以文會友，整個編輯過程非常愉快順暢。此外，也在此感謝所有參與本書製作的香港三聯書店同仁們。

最後，我要感謝我的家人們，謝謝他們給予我對美食最初的熱愛。感謝我的愛人及「飯醉」同夥 W 小姐，每篇文章都有她的功勞，許多飲食上的細節都是她先發現的，沒有她的鼓勵和幫助，這些文章不會如此順利地完成。

見得越多，越覺自己才疏學淺。既已付梓，未能盡善盡美之處萬望海涵。書中一定錯誤紕漏眾多，希望讀者諸君不吝賜教斧正。謝謝！

徐成
二〇二二年三月，於香港。

註

1. 美國著名烹飪教師、美食作家和節目主持人，代表作為 *Mastering the Art of French Cooking*。

目錄

序一	佐藤秀明	4
序二	鄭永麒	5
序三	謝嫣薇	6
序四	伍德倫	8
序五	葉一南	10
序六	黎子安	13
自序		20

| 早 | 香港的早晨｜浩記甜品館、上海美華菜館、華星冰室、紅茶冰室、蘭芳園、樂香園咖啡室、妹記生滾粥品、第一腸粉專賣店、一點心、鳳城酒家、蓮香樓 | 30 |

粵	不舍晝夜｜陸羽茶室	42
	末代風流｜崩牙成	52
	舊時光的存與廢｜鏞記八樓囍真會所	67
	人來人往｜福臨門（灣仔店）	82
	魚翅，或者無魚翅｜新同樂魚翅酒家	92
	時代的潮流與回眸｜家全七福	102
	老店回魂之路｜嘉麟樓	116
	麗晶軒之後｜欣圖軒	125
	四季酒店中的守望者｜龍景軒	137
	九如坊中｜大班樓	146

| 潮 | 潮汕之家｜尚興潮州飯店、樂口福酒家、創發潮州飯店、金燕島潮州酒樓、好酒好蔡、好蔡館 | 160 |

浙　歳月之門｜天香樓　　　　　　　　　　　　　　178

　　能不憶江南？｜杭州酒家　　　　　　　　　　　191

蘇　留園今何在｜留園雅敘　　　　　　　　　　　　204

北　北國鄉愁緩解計劃｜泰豐樓、阿純山東餃子、　216
　　有緣小敘、巴依餐廳

　　不知有漢｜鹿鳴春　　　　　　　　　　　　　　230

中　不拘一格談中餐｜富臨飯店阿一鮑魚、新漢記飯店、　244
　　唐人館（置地廣場）、永、新榮記（香港分店）、
　　甬府（香港分店）、鄧記川菜

附錄　鐘鳴鼎食之家的粵菜往事──《蘭齋舊事與南海十三郎》　288

香 港 的 早 晨 [1]

浩記甜品館、上海美華菜館、
華星冰室、紅茶冰室、
蘭芳園、樂香園咖啡室、
妹記生滾粥品、第一腸粉專賣店、
一點心、鳳城酒家、蓮香樓

　　我的工作需要早起，每天七點左右起床，梳洗後就去公司
報到。香港是個從早到晚都十分忙碌的城市，八點站在公寓樓
下等車時，已經人流如織。大多數是趕著去上班的人，還有不
少學童。私家車、計程車和各式大巴小巴川流不息，熙熙攘攘
的一天就這樣開始了。

　　工作日我寧可多睡一會兒，也懶得在早餐上多花時間。幸
好以前的公司有食堂，早餐選擇不少。不過身在福中不知福，
當年還覺得舊東家的食堂不夠好吃，等換了工作，沒了食堂，
才發現每天的早飯都讓人頭大。

　　剛換工作時還有些新鮮感，今天試試這家的麵包，明天吃
下那家的麵條，後天來份三明治，到後來吃來吃去都是這些連
鎖簡餐品牌，無論如何都吃不出什麼興趣了。偶爾去 Le Salon de
Thé de Joël Robuchon 買個可頌和咖啡，但回頭一想便覺不值。於

是放棄掙扎，直接天天吃米線連鎖店，把他們早餐中還可以接受的幾款翻來覆去地吃，莫名其妙成為了店裡的超級會員。

我想每個人在某些時候都有點雙重標準，比如我對餐廳要求頗高，對日常飲食卻無苛求。工作日的早餐選擇是個極好的例子，就這樣日復一日地敷衍了事。

不過休假的時候就可有些自我要求了，畢竟香港是個早餐選擇十分豐富的城市。很多地區城市化進程迅猛而掃蕩一切，許多小時候熟悉的早餐店、早餐攤都隨著城市化的推進而漸漸難見。香港倒保留了許多原生態的茶餐廳、早餐店和小食肆等。

搬來香港後，我一直住在油尖旺一帶，此區生活氣息濃郁，社區發達，街市興隆，接地氣食肆密佈，週末吃早餐這裡的選擇可謂頗多。

家鄉嵊州的鹹豆漿和大餅油條是我常懷念的，在香港雖難找到一模一樣做法的，卻也不是沒有可替代的選擇。

我家附近有家開了幾十年的浩記甜品館就可以解解鹹豆漿的癮頭，可惜的是幾年前開始他們已不做粢飯，據說是銷量一般而人手又不夠。家鄉的鹹豆漿是用熱豆漿撞醬油而成，因此只有少許凝固，整體依舊是液態；沖完後，店家灑些切得極細的蔥花，香氣四溢。浩記的鹹豆漿自然有醋，於是豆漿凝固得像薄豆花，口感更為扎實；裡面直接配了油條段，泡軟了吃十分美味。若願意打個車走遠點，十分鐘不到就可以去到土瓜灣的上海美華菜館，那裡的蘇浙早餐選擇頗多，生煎包、鍋貼和蔥油餅可以等新鮮出爐的，味道非常正。

更多時候則是去茶餐廳簡單吃一些，全香港連鎖的大家

鹹豆漿（攝於上海美華菜館）

樂、翠華等屬於中央廚房作業，出品比較統一，無甚食趣可言。最有魅力的還是那些只此一家，或者門店有限的茶餐廳。

茶餐廳在某種程度上可以視為香港市民飲食文化的標誌，它的前身是廣州發源的冰室或冰廳，概念來源於西式咖啡館。早期僅售賣冷飲、甜品及三明治等簡單食物。由於港英政府的「小食牌照」對冰室售賣的食品種類有限制，因此六十年代衛生局設置茶餐廳牌照後，不少冰室紛紛轉型為茶餐廳，不過在名稱上仍保留「冰室」或「冰廳」稱號者甚多。從此，茶餐廳便成了香港人日常的食肆，成為香港街頭文化中不可抹去的符號。多數茶餐廳分早市、午市、下午茶、晚市及夜宵時段，部分食品僅在特定時段提供，而常餐則供應時間最長。茶餐廳的

食物是東西文化碰撞融合的結果，多數西點都有本地融合的特色，成為了香港市民飲食文化的代表性食品。比如西多士、菠蘿油、蛋撻和雞批等等。

我一般只去茶餐廳吃早餐，且多數時候只在家附近的華星冰室和紅茶冰室解決。華星冰室生意興隆，分店雖開遍港九澳門，每次去旺角店也還得排上一會兒。他們的黑松露炒蛋多士很有名，遊客來了總要點上一份。但其實用的是急凍的松露碎末，上桌時在炒蛋的熱氣熏騰下倒也有些香氣，吃到嘴裡卻無甚味道。不過多士烤得外脆內軟，可以一吃。紅茶冰室無甚特別，唯多士烤得水準穩定，且鴛鴦沖得濃郁平衡，我比較喜歡。

鴛鴦這個飲品是非常具有香港特色的，是十足的「融合品」。愛之者如我可以天天喝，恨之者喝一口都接受不了，是受眾很兩極分化的飲品。顧名思義，鴛鴦便是將奶茶和咖啡沖泡在一起，取其混合之後的妙味。當年中環蘭芳園發明鴛鴦時，不知道是什麼思路，在我看來是一大創舉。不過奶茶與咖啡的比例每家不同，所用茶葉、乳製品、咖啡亦家家有別，因此鴛鴦的味道可以天差地別。

中環蘭芳園創立於一九五二年，有人認為這是香港現存最早的茶餐廳，但亦有人反對，因為蘭芳園開業時，尚無茶餐廳牌照。

茶餐廳者，多數菜品做得粗糙，要的是方便迅捷以及實惠，特意來吃則多會失望。不過有名的幾家茶餐廳，都多多少少有其長處；若是住在附近，則偶爾下來吃吃早餐或簡餐倒也愜意。以前中環有家叫樂香園咖啡室的老茶餐廳，他家的滑蛋

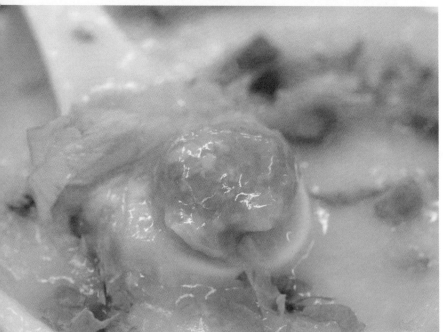

上｜滑蛋叉燒飯（攝於樂香園咖啡室，已結業。）

下｜豬肉丸粥（攝於妹記生滾粥品）

叉燒飯做得美味，蛋液熟度恰到好處，叉燒味濃配上細細蔥花真是誘人。此茶餐廳五十年代開業，因附近白領常來此處偷懶吃下午茶，逐漸便有了「蛇竇」的外號。粵語中「蛇王」乃是偷懶的意思，偷懶的地方自然是蛇竇無疑。可惜二〇一九年因為諸多原因結了業，不知日後是否會重開。

W 小姐第一次來香港時，驚歎香港隨便一家小粥舖的生滾粥都可以那麼美味。各類粥麵腸粉檔確實是香港的寶藏。生滾粥的選擇眾多，魚片粥、牛肉粥、鮑魚雞粥、艇仔粥、及第粥和豬膶（乃豬肝也）粥等等，各類物事似乎都能生滾進粥似的，讓人眼花繚亂，輪著每週吃一種大概需要好幾個月的時間。一開始，我們貪圖距離近，常去西記粥店，不過後來發現花園街街市裡的妹記生滾粥品更為美味。

這粥舖在街市的熟食中心裡，本身只是個攤位而已，十幾張桌子鋪排開來，店家就在攤位裡用銅鍋煮粥。妹記於一九七九年由順德人麥妹在麥花臣球場附近的黑布街創立，一九九一年搬至花園街街市中。現在店舖由妹記第二代蔡指邦和第三代蔡覺東打理，而妹姐當年的老搭檔張松波仍在爐前煮粥。

四十年來妹記堅持用傳熱更快更均勻的銅鍋烹製生滾粥，雖然原先用新舊米混合而成的煮粥米現在替換成了可達到近似效果的越南米，但妹記幾十年來的粗工細作傳統並未改變。米在煮粥前，需要用皮蛋和生油醃製，魚湯底則用真材實料的魚骨、魚肉及陳皮一併煲製，最後還要加入適量腐皮水。因此妹記的粥底有一股天然柔和的甜味，第一次喝便再也忘不了。

妹記每日經營到下午三點，但生滾粥多用海鮮及豬雜，自

然是越早去越新鮮美味，去晚了還可能吃閉門羹。每次九十點鐘過去，賓客已滿座。找位置坐下後，點上一碗生滾粥，無論是魚片或豬雜，亦或小海鮮，甚至最普通的皮蛋瘦肉粥都十分美味，再配上爽口的魚皮，或者應季的白灼小海鮮，令人吃後神清氣爽，十分舒適。

剛搬來香港的時候，常去家附近的第一腸粉專賣店吃腸粉和蘿蔔糕。這家店曾連續幾年都入選米其林車胎人（必比登）餐廳，一時聲名鵲起，吸引了不少名人來吃。餐廳牆上掛了許多老闆與明星的合影，不過我去了幾十次，竟從未遇到過明星，大概是潮流已過吧。

這裡一共有八款腸粉，基本味道都不錯。我不喜歡過厚的腸粉，因吃起來十分飽腹又無趣。他家腸粉皮很薄，細膩幼滑，配以分量適中的餡料，吃起來平衡滑嫩。招牌是菜脯混豬肉臊的腸粉，取名為「招牌第一腸」。菜脯與豬肉臊混合在一起鮮香美味，確實很誘人；還有蒸製而成的蘿蔔糕，厚厚大塊，吃起來爽口帶點極微的蘿蔔辣感，十分有趣。

附近的一點心是家點心專門店，二〇一一及二〇一二年連續兩年獲得米其林一星，生意好到每日要排隊；如今搬到了街對面，面積較之前擴大不止一倍，排隊情況稍有緩解。平日裡他們十點才開門，基本已算早午餐時間，週末九點開門，偶爾我們也會去簡單吃些點心喝點茶。不過跟添好運類似，這類點心專門店面積往往較小，座位安排得較為經濟，因此真要好好喝茶吃點心則還是去酒樓、餐廳為上。

彌敦道上曾有歷史悠久的鳳城酒家，一九八四年開業，至

今已經三十多年。而鳳城酒家這個品牌自一九五四年在銅鑼灣伊榮街開業以來，已過一甲子。當年開業時由順德名廚馮滿牽頭，其堂兄譚國俠負責點心製作。現在正宗一脈傳下來的太子店已結業，一九七八年開業的北角分店則尚在。

鳳城酒家每日九點開始營業，提供茶水點心。每次去都是熙熙攘攘，一大幫人去需要提前訂位子，三兩個人則與其他客人拼桌即可。大多數客人都是住在附近的老人家，他們或結伴而來，或獨自一人飲茶，兩件點心一壺茶，一張報紙，便可以慢悠悠地消磨一上午時光。年輕人的喝茶風格與他們形成了鮮明的對比，點了一堆點心後，開始刷起手機來。點心上來後匆匆吃完，茶都還沒來得及怎麼喝，便有點坐不住要起身走人了。快節奏的現代人或許應該偶爾放慢腳步，細細品味舊做派的悠然自得，讓身心都放鬆一下。

遊客來了香港，總歸要去陸羽茶室或者蓮香樓打卡。但陸羽茶室這個地方是需要熟客帶去才能吃到真正的好東西的，尤其正餐時段更是如此。蓮香樓則是一個熟客都沒有用的地方，不過此地維持著老茶樓的風格。

一九一八年開業的蓮香樓原是廣州總店的香港分店，後來因為歷史和政治原因各自獨立經營，香港蓮香樓成為了唯一一家百年未斷經營的分店。一八八九年廣州西關的糕酥館改名「連香樓」，是一切的起點。一九一〇年，翰林院編修陳如嶽（1842-1914）認為連香樓的蓮蓉精彩，提議其改名為「蓮香樓」，茶樓因此得名。

客人到了蓮香樓之後需自行找座位，這是最麻煩的一點。

上｜蓮香樓

下｜叉燒包（攝於蓮香樓）

有些老人家拿著張報紙悠閒看著，偶爾吃口點心，喝口茶，你看他快吃完了，但他就是磨磨蹭蹭不走。等到你急了，他還偏去多拿一籠點心讓你死心。遇到這樣的人則還是快點轉移陣地，去別處找座為上策。這裡的點心出爐後由阿姐推著車叫賣，未及看清是什麼，已經全被搶空；有人特意到廚房門口等，卻被阿叔阿姐們趕走，誰也別想走捷徑。

之前傳聞蓮香樓因各種原因要結業，於是和一眾朋友趕在結業前去懷舊。一頓早茶下來差點沒累壞，座位要靠等和搶，點心也要靠搶，吵吵鬧鬧，逼仄嘈雜，都有些令人食不知味了。後來蓮香樓並沒有結業，據說一些夥計合資盤下了店舖，結業傳聞倒成了一個極好的宣傳契機[2]。

話說回來，這類老酒樓的點心做得並不精緻，有些甚至顯得粗糙。但高級餐廳雖然午市也做點心，但往往開門較晚，要當早餐吃是萬萬不行的。

當然如果有閒心，也可以去高級酒店吃早餐，多數酒店的早餐都是對外開放的，當然前提是滿足住客需求。若不是約人開早餐會談事情，我想很少有人特意如此。

香港是個忙碌的城市，對大部分人而言，早餐都是匆忙而簡略的。到了週末，工作的人往往想睡懶覺，自然也顧不上好好吃早飯了。但早餐往往是一地飲食文化中最接地氣、最市民化的部分，也是最沒有演繹和修飾的部分。從早餐開始享受香港的美味一天，也許是最好的方式。

註

1. 寫於二〇一九年四月十三至十九日，香港。
2. 二〇二二年八月八日蓮香樓宣佈因疫情而正式結業，後續如何有待關注。

不舍晝夜

末代風流

舊時光的存與廢

人來人往

魚翅，或者無魚翅

時代的潮流與回防

老店回魂之路

麗晶軒之後

四季酒店中的守望者

ANTONESE

不舍晝夜 [1]

陸羽茶室

對於一個懷舊的人而言，在這裡飲茶吃飯，真有種時光倒流七十年的錯覺。

　　士丹利街一到工作日的中午和晚上便人流如織：中午，西裝革履的中環上班族出來吃午餐或買外送；下班後，更多的人從一幢幢寫字樓裡出來，去餐廳與朋友小聚或上蘭桂坊小酌閒談。到了週末，反而人卻少了，這條長不過三百五十米的小街在週末的清晨顯得悠閒寧靜。

　　五十年代時，士丹利街是大牌檔（或稱「大排檔」）的天下，鐵皮棚子組成的食肆鱗次櫛比。後來大牌檔衰落，政府也進行了翻新改造工程。士丹利街逐漸褪去煙火氣，變成現在的模樣。

陸羽茶室在這條老街上已矗立四十年，而從創辦日算起則已超過八十年了——一九七六年從永吉街舊址[2]搬到士丹利街時，陸羽茶室已創業四十三年[3]。人生八十古來稀，對於在冷酷無情的商業社會中努力生存的食肆而言，八十年更非易事。

週末的士丹利街上行人寥寥，工人在街邊卸貨。遠遠看見陸羽茶室綠底金字的招牌。這小樓一共有三層，每層還有露臺。茶室從下往上坐客，一層滿了上一層。第一次去時沒有訂位置，因此只能去第三層喝茶了。舊時茶樓在樓上座設有歌壇，因此樓上才是雅座，現今已無這一說法了。

上樓時看了看茶室的細節，整個裝修古色古香，大概幾十年來未曾有過大的變化。牆上有不少水墨字畫，酸枝花梨木傢俬幽幽地泛著光。

木桌白布，白衫老者給我們派了枱。坐定後，洗盞看茶。按習慣點了香片，這是茶室酒樓裡較少踩雷的品種。陸羽的茶葉據說是自己訂製，對茶葉品質的把控較一般酒樓茶樓嚴格。

茶壺是不銹鋼的，據說比陶瓷更可保溫，但卻顯得有些不倫不類。一般酒樓常備一壺熱水，供食客自行加水之用。陸羽則只有這一壺茶，喝完了，開蓋等候，侍者便會過來加水。

陸羽茶室素來在坊間頗有傳奇色彩，名人茶室、百年老店、血案情仇[4]、桌下痰盂、傲慢侍者及隱藏菜單等等，都讓來訪者戰戰兢兢。

侍者都是長者，自有一股氣勢讓人不敢隨意造次。但要說態度惡劣，我並未感受到。侍者上湯分湯，看茶加水都非常殷勤客氣；點菜時，亦會提醒是否足夠。

至於桌下的痰盂，我仔細看了一圈，沒有找到，不知是我遺漏了，還是每層樓的佈置並不一致。

星期美點菜單掛於牆上，每一台亦有紙質菜單，這菜單按周列印，看似古舊其實都是根據日曆新印的。點心的品種每週都會有些變化，而招牌的家鄉蒸粉果和蓮子蓉香粽則一直保留，這做法也是當年廣州老茶樓的做派。我們兩人而已，卻也前前後後點了七種點心加一份杏汁白肺湯。

陸羽茶室的一些菜品是不在菜單上的。比如這杏汁白肺湯便是如此，但名氣太大，誰都知道要額外點上一份。杏汁濃香，白肺透著少許鮮味，味道確實令人印象深刻。別處雖多有此湯，目前最吸引人的還是陸羽茶室這一碗。

陸羽茶室的點心，製作手法多保留古法。比如家鄉蒸粉果，據說是不加澄粉（無筋麵粉），只用粘米粉（米飯曬乾磨粉）的老方法。翻看一九六三年大同酒家的娥姐粉果方子，已是用澄粉和粟粉；現在酒樓基本上都以粟粉及澄粉配比製作，因此陸羽茶室這一品就顯得彌足珍貴了。

粘米粉定型難，粉感強，沒有澄粉黏糯感。至於味道嘛，則並不特別喜歡，只是為了感受古早味。點心製作手法的改革，或多或少總有些現實的原因在其中吧！

陸羽茶室的點心，並不能稱為精緻或驚豔。但每一道都現點現做，用心認真，沿著舊日的軌跡，一路傳承下來。在這裡，時光的味道某種程度上彌補了點心口味的不足。

碩大的蟹黃灌湯餃，其實沒多少蟹粉，胡蘿蔔佔了主體，蘸著醋，吃出了蟹粉的香。這原理有點像賽螃蟹，但體積大，

口感偏黏，吃一口便有些飽腹。筍尖鮮蝦餃如果汁水再多一點就完美了，澄皮晶瑩剔透，蝦餃形狀飽滿完整。麵皮不會入口即刻破散，有些嚼勁。

叉燒荳糠糍也是不錯的。我不太愛吃甜食，亦不愛發麵糕點，所以叉燒包我基本是不點的。但叉燒與荳糠糍結合起來就有些意思了，叉燒香濃，荳糠糍則淡中透著甜味，結合起來有一種平衡感。

火鴨崧燒餅有點大，吃了幾口便吃不下了。燒餅皮酥餡兒香，但燒鴨肉其實不多，主體是厚厚的酥皮，吃到後面有些乾口。雲腿鯪魚餃我不太喜歡。鯪魚剁成蓉狀，加粉太多，一蒸

便凝成厚實的一塊，顯得乾澀呆滯。雲腿是星星點點的點綴，味道上沒什麼體現，連視覺上都很難發現。

我最不喜歡的是香蔴笑口棗。小夥伴估計是看到「棗」字便迫不及待地點了，其實跟棗沒有半毛錢關係，實際上是一種芝蔴加麵粉的酥。因為形狀像棗子，而且有個裂口，因此取了這麼一個寫意的名字。吃上去則像小時候吃的芝蔴酥，沒什麼好感。

這些東西似乎不多，兩個人吃卻已是飽到嗓子眼了。畢竟點心多含有碳水化合物，飽腹效果不錯。吃到最後有些戰鬥力缺失，坐著喝了會兒茶，消化了一會兒才基本消滅完。

吃得差不多時，我環顧周圍，發現三樓也基本坐滿了，這裡的生意依舊不減當年。我們埋單走人時，將早茶當午飯的食客剛剛來到。在香港，無論什麼時候，似乎都適合喝點茶，吃點點心。

後來又有好事者云，陸羽的點心味道一般，不如正餐點菜來得好吃。但隨後又有反對意見，說正餐要跟熟客來方能吃到真味，不然又是枉然。諸多意見不知道聽哪一家好，於是我和朋友先自己去吃了一次正餐，又抱著熟客朋友的大腿去了幾次。對比而言，是否與熟客同來確乎有些差別，主要是很多菜式平時並不供應，唯有熟客知曉。不過陸羽的正餐菜式確實有可圈可點者。

正餐菜單除了單點外，還有些安排好的套餐餐牌，方便客人快速選擇。若是熟客前往，可提前說明菜單要求，餐廳會安排好，寫在紅底燙金的菜譜紙上。熟客多安排地廳[5] 就餐，侍

者都認識那些老主顧，連同他們的家人也一併記下，服務的時候更加一絲不苟，與往日對待遊客的態度確有不同。

除了誰人都知道要點的杏汁白肺湯，這裡也有其他美味湯羹，如鷓鴣粥和豬腦魚雲羹。豬腦魚雲羹是道市面上較少做的老菜，選材麻煩，用豬腦和鱅魚魚頭兩側臉肉入饌。粵人稱鱅魚為「大魚」，其魚頭可製作多道菜式，除了魚雲，還有膠質豐富的魚三角，亦十分美味。陸羽的豬腦魚雲羹用料到位，叉燒肉丁、草菇粒、雞蛋、豆腐、魚皮碎、豬腦及魚雲同煮，湯味鮮美，入口柔順，魚雲滑嫩，豬腦濃香，作為頭湯十分開胃。

蝦多士作為著名的港式小菜名揚海內外，在歐美唐人街亦十分流行。多士即 toast（吐司麵包）的粵語音譯，這道菜是典型的中西結合菜。據說起源於當年唯一允許與外通商的口岸廣州。我個人認為菜品的原型可能是中餐中的鍋貼菜，以吐司代替豬背油既容易做，亦較脆口。傳來香港後，因符合西方人口味，且顯得洋氣些，而逐漸傳播開來，成為了著名的香港小菜。陸羽的蝦多士用原隻大蝦製成百花餡，與薄片吐司結合，貼上香菜，上蛋漿乾粉後入鍋炸製而成。食用的時候配上辣醬油，侍者提醒我們趁熱快吃，但要防燙。一口咬下去，確實很燙，不過多士清脆可聞，蝦肉鮮滑，且不油膩，屬於製作十分精良的版本。

這裡的燒雲腿鴿片和脆皮鮮奶亦值得一嚐。雲腿燒得酥鬆，鴿肉與草菇、紅椒及蔥段等配料旺火快炒得香嫩惹味，而鴿頭和翅尖則炸至酥脆，是每一部分都各有特點的一道菜品。

上｜豬腦魚雲羹

下｜煙熏鷹鯧魚

剛上桌時最好吃，因鑊氣仍很足。脆皮鮮奶製作方法類似戈渣，是順德名菜，流傳甚廣，在北京的家常餐館裡亦常見到這道菜。原本脆皮鮮奶用的是水牛奶，後來考慮原料的可得性，逐漸以普通牛奶為主流。陸羽的版本個頭短小，外殼較厚，裡面相對較為固體，但入口依舊滑嫩，與其相配的是欖仁蝦仁。

還有道下飯佳品──陳皮牛肉餅。陸羽的陳皮香氣十足，雖不知用了多少年的陳皮，但品其香氣便知是好東西。牛肉餅肥瘦相間，蒸製後汁水豐富，一筷子夾下去便能感受到肉質的彈嫩。我們要了些米飯配著一起食用，覺得十分滿足。

至於釀鯪魚，依舊和雲腿鯪魚餃一樣，粉感太強，魚肉顯得十分蠢笨，裡面的臘腸和陳皮雖然惹味，亦難救回整道菜。而糯米雞塞得過於飽滿，導致我們吃完香脆的雞皮就不想吃裡面滿滿的糯米飯了。陸羽的雞蛋焗魚腸做得很好，雞蛋焗得酥鬆，魚腸和雞蛋相互融合，一勺下去，一層層的雞蛋和魚腸難分你我。陸羽茶室用陳皮的香氣去除魚腸殘留的腥味，使得不嗜此道者亦可嚐上幾口。

許多人不知陸羽的燒味亦做得出色，尤其晚爐燒鵝是一絕。陸羽的燒鵝是脆皮做法，與傳統順德燒鵝不同；出來的效果皮脆肉潤，鵝肉油脂香氣濃郁，令人欲罷不能，完全不輸給隔壁的米其林一星小店。而煙熏鷹鯧魚更是令人拍案叫好，上桌時煙熏香氣撲鼻，色澤紅潤，一登場就吸引著食客的注意力。入口發現煙熏得十分滑嫩入味，現在想起來都禁不住咽口水。

有朋友多次向我推薦陸羽的鹹水粽，於是某次吃飯讓他們

蓮蓉香粽

安排了這道甜品。鹼水粽顧名思義便是將糯米用鹼水浸泡，再製成粽子。我國許多地方都有製作鹼水粽的習俗，廣東的鹼水粽多以草木灰水製作，由於是天然鹼水，含鹼量較低，比較適口。製成後的粽子發黃，較未過鹼的糯米更為糯軟黏糊，裡面可以不加餡，亦可裹入紅豆沙等甜餡。不裹餡的可以蘸糖或蜜糖水食用。陸羽的版本用的是什麼鹼水我未詢問，不過整體柔和適口，綿密糯軟，裡面有少許餡料，但甜度適中，確實十分美味。額外還配有蜜糖水，可給嗜甜者自行蘸用。

除此之外，陸羽茶室還有不少經典菜式值得解鎖，囿於篇幅難以盡述。

時間就在這杯碗之間流淌，不舍晝夜。不知不覺八十年光陰，彈指一揮間。當年港九多少老茶樓食肆，依舊經營的寥寥無幾，陸羽茶室顯得有些孤零零。對於一個懷舊的人而言，在這裡飲茶吃飯，真有種時光倒流七十年的錯覺。

註

1. 初稿寫於二〇一六年五月十九日；增補修改於二〇一九年三月。
2. 一九四五年六月十二日，盟軍燃燒彈擊中被日本佔領的中區，陸羽茶室也嚴重損毀。
3. 於一九三三年由馬超萬及李熾南創立，名字取自茶聖陸羽。
4. 二〇〇二年十一月三十日，香港商人林漢烈在陸羽茶室被職業殺手槍殺。
5. 地廳意為一樓（Ground Floor）大廳。陸羽茶室的包房則在樓上。

末代風流 [1]

崩牙成

進門的食客可一嚐當年鐘鳴鼎食之家的宴席菜式，而儀制無疑已經極度簡化了。

　　江獻珠（1926-2014）在《蘭齋舊事與南海十三郎》中提到了幾處傳承太史菜的地方。首先提到的自然是太史公江孔殷（1864-1952）最後一任家廚李才曾任職的恒生銀行博愛堂，順著脈絡還提到了李才的傳人李煜霖。她在書中稱李煜霖為李才的侄子，結果鬧出一段香港餐飲界的公案——一九九九年底李才的兒子李焯輝在《成報》刊登啟事，聲明李煜霖並非李才侄子。江獻珠在該書再版時特意加入一段文字，以示歉意；還表示怕再生枝節，因而未再找李煜霖師傅交流太史五蛇羹的做法，頗為可惜。

　　李煜霖師傅現為國金軒中環店的主廚。他跟隨李才的時間

並不長，自一九六七年入恒生博愛堂，至李才去世，前後三年左右。李煜霖有兄弟三人，其兩個弟弟皆為李才的侄子李成的徒弟。桃花源小廚的店東兼主廚黎有甜亦出身於恒生博愛堂。

前面提到李才真正的堂侄其實叫李成。據說李成十幾歲便跟著李才會蛇[2]學廚，經過多年磨煉，襲得真傳。相對於李煜霖、黎有甜等人，李成跟隨李才的時間要長很多。但李成從未公開經營過餐廳食肆，因此名氣不是很大。唯有在老一輩香港食客口中流傳著「崩牙成」這三字代號，成為一個時代的美食暗號。

我不是香港人，自然缺少那種生於斯長於斯的見聞基礎，幾年前才第一次聽說「崩牙成」這個名號。當時看到某內地美食媒體上的一篇語氣狂妄、描寫誇張的食評，於是對這餐廳產生了很大的興趣。公開的餐廳搜索網站上自然找不到它，問了一圈周圍的香港同事，亦無人知曉。

據那篇食評所言，崩牙成是秘不可宣的頂級私房菜，座上客非富即貴。作者頗有些沾沾自喜之感，落筆之時難掩心中的自豪之情，全然噴瀉在紙上，令人看了很不以為然。而該篇食評所配的照片粗糙簡陋，從照片上絲毫看不出菜品的美感和當時的真實狀況。文字與圖片對比如此強烈，令人心生疑竇。崩牙成真有如此傳奇嗎？

再後來，這件事便被我漸漸遺忘了，直到一年後的某天與人閒聊發現有位朋友可以幫忙代訂。真可謂「踏破鐵鞋無覓處，得來全不費工夫」。初訪崩牙成便這樣成行了。

在去崩牙成之前，做一些功課是必不可少的，不然到時候

全然吃不懂就可惜了。之前在介紹《蘭齋舊事與南海十三郎》[3]時，提到過太史公江孔殷，因此不再贅述。但這個末代家廚李才，則要多著些筆墨。

江家是晚清民國時期廣州的大戶，太史公江孔殷熱愛美食，雖然自己不會烹飪，卻有很多美食想法讓廚子去研究，逐漸形成了一些獨具特色的太史菜。除了太史五蛇羹外，還有戈渣、炒桂花翅、太史禾花雀、太史豆腐（陳夢因[4]，《食經》，香港商務印書館）、太史田雞（陳榮，《入廚三十年》，陳湘記書局）、玻璃大蝦球、蝦籽柚皮及欖仁肚尖等名菜。這些名菜的誕生，自然離不開廚師的思考和研究。

在歷任家廚中，有三位名氣較大的，一是盧端，二是李子華，三是李才。盧端最早，李才乃末代家廚。李子華與李才在某種程度上可算作師徒。李才入江家時，正是江家鼎盛時期，據說當年每日有五六十口人開飯，還不算江太史的各路社交關係。一到秋冬季節，江家便大擺蛇宴，除了自己吃之外，還要將廚師借給朋友。當時的熱鬧場景，現在只有想像而已了。

日本侵略前，江家已家道中落。抗日時期，江孔殷拒絕回粵出任偽廣東治安維持會會長，到香港避難。自此大家族逐漸飄零，家廚李才亦離開江家。他一度在廣州俱樂部工作，後來廣州淪陷，他便逃難到香港。一開始亦在俱樂部做廚，香港淪陷後，他還一度作為偽港督磯谷廉介（1886-1967）的私廚（民族氣節問題暫不討論）。香港光復後，李才一度在塘西居可俱樂部工作，陳夢因的《食經》中還提到過李才在居可俱樂部烹製太史豆腐的往事。六十年代在何添（1909-2004）的推薦下，

李才擔任了恒生博愛堂的飲食顧問。

與李才不同的是，李成雖然師承於他，但他很早開始便只做到燴及私房菜，從未在公開營業的餐廳做過廚師。李成之所以被人稱為「崩牙成」，想必原因與「崩牙駒」[5] 是一樣的——有牙齒崩了。

至於崩牙成是何時開始做私房菜的，已無人說得清楚了。據江獻珠說，五十年代李成便已經開始做到燴服務，後來索性固定場所做起了私房菜。他只做熟客生意，每日開一席，間中休息。時間久了，熟客數量足夠，他便不再接受新的客人了，任何人想去都只能通過有預約權的熟客。時間一久，崩牙成就成了一段江湖傳說，不知道的人全然不知，知道的人未必能去。

據說早年在蓮香樓還可撞見李成本人，九十來歲時，他依舊親自去買菜，對食材的把關幾十年如一日。遺憾的是，李成本人仙逝多年，現在掌廚的是他的兒子根哥。

經過兩個多月的等待，終於到了拜訪崩牙成的日子。這期間，與根哥商定了菜單，也約好了各路朋友，好幾位都是為了這頓晚餐特意來香港的。崩牙成的地址並不高大上，位於上環的一棟普通居民樓裡。到了樓下，有一個單獨的門鈴，上用小字寫著「崩牙成」，按鈴確認預約後，便有人來開門。我們一行十四人晚上七點準時出現在這個老舊的小樓裡。

「私房菜」這個概念的起源頗有爭議，一般認為起源於譚篆青。他為貼補家用，將父親譚宗浚（1846-1888）發展起來的「譚家菜」轉變成了對外經營的私宴。當然早年粵港地區的到燴服務也是一種變相的私房菜形式。香港存在已久的俱樂部

文化，亦提供了另一種形式的私房菜。而八九十年代則有一些內地移民在港經營家鄉風味私房菜，最有名的當屬中環的四川菜大平伙。李煜霖在離開博愛堂、入主國金軒前，也開過一段時間私房菜。

但崩牙成與這些意義上的私房菜很不一樣。首先多數私房菜雖不公開經營，但內部仍是按照餐廳標準設計裝修的。其次，多數私房菜的服務都是按照餐廳規格培訓。再者，即便是走私房菜路徑，多數餐廳依舊希望生意興隆。崩牙成在這三方面完全是反的。一進門便驚訝地發現飯廳只不過是一戶普通人家的客廳，一張巨大的圓桌，十多張椅子，僅此而已，毫無環境可言。服務員亦不是專業人員，只是家人及幫工而已。根哥則每週都要留些日子休息，不願發展新的客人，顯然對於生意興隆沒有任何興趣。

這一切更加深了我的好奇心，這究竟會是怎樣的一餐飯呢？

我們簡單喝點香檳，等待第一道菜上桌。手寫的菜單已放在我面前，字寫得龍飛鳳舞，並不十分好認。

第一個菜上桌，便被這分量驚到，我們以為肯定要剩下不少。結果筷子一動起來，到最後雖然每個人都撐得不行，菜卻全部吃完，只剩下少許糯米飯和紅豆沙。

第一個上桌的是炒桂花翅，一道源於浙菜的名菜[6]。所謂桂花不是真的木樨，而是指雞蛋炒得鬆散後，星星點點落在菜中好似秋日桂花，因此得名。現如今，環保主義大為盛行，吃魚翅似乎變得不太光彩了，因此很多粵菜館要麼沒有這道菜，要

麼就炒素翅。但素翅的問題在於要找到上好魚翅一樣的口感及吸味能力的食材太難，最後的結果便是形似神散，成了芽菜粉絲炒雞蛋。

炒桂花翅的原料除雞蛋和魚翅外，還有芽菜、金華火腿絲等等，在太史公的家廚手裡經過一些改良後，崩牙成的這款炒桂花翅配料多達十六種。比較容易嚐出來的有韭黃、芫荽、冬筍絲、芹菜、金腿、香菇、蟹肉等等，剩下的有哪些配料，服務員笑而不語，只能靠我們自己的眼睛和舌頭去確定了，當然吃完一整盤，我們都沒法說全所有配料。後來我又去了幾次，終於弄清楚了這十六種配料，此處便不透露了。

這雖是一道炒製的菜式，但極為乾身，毫無多餘油分，即便所有桂花翅都分完了，大盤子上也只有一點點油花。一入口便感覺各種食材在口中爆炸，鹹鮮香脆爽嫩各種味覺和口感交錯呈現，還有那大炭爐猛火快炒的充足鑊氣，令人一吃難忘。蟹肉是極為巧妙的配料，提升了這道菜整體的鮮味。

桌上有辣醬和芥末醬供客人拌翅食用，與原味又是一種不同的體驗，不過我個人覺得拌醬多餘。

炒桂花翅這樣的菜如果不是大火快炒，迅速上桌，即刻分食，幾乎是不可能真正體會到它的妙處的。烹飪給予死去的食材以新的生命，鑊氣便是這道菜的呼吸，一旦錯過最佳食用時機，鑊氣散盡，這一盤食材就真的徹底死了，再無回天之力。

第二個上桌的是欖仁肚尖，亦是經典菜之一。欖仁乃烏欖欖的果仁，香氣突出，油脂豐富，入菜可提香並增加口感。除了炒肚尖外，粵港一帶炒水魚（甲魚）絲也習慣搭配欖仁。

上｜炒桂花翅

下｜欖仁肚尖

這個菜本身的成本極高，首先肚尖顧名思義只取豬肚最前端的一小段，其餘皆不可用，因此這樣一盤炒肚尖，所用豬肚至少要十五隻；其次，欖仁中最出名的番禺西山（現為增城西山）欖仁，近幾年價格飛升，已一躍成為各式堅果中最昂貴者之一；若要整盤菜處處洋溢欖仁的香氣，就一定要用料到位，絕不能省。

在成本考慮下，很多餐廳都已不做這道菜；提供這道菜的也多偷工減料，讓人不知口中何物。比如先前在上環桃花源小廚點了這個菜，肚尖直接變成肚片，欖仁稀稀落落幾粒做個點綴，油水充盈著整盤菜，幾不可入口。

不過吃過崩牙成的欖仁肚尖之後，也不需要覬覦其他出品了。這一盤欖仁肚尖，鮮香撲鼻，肚尖自然爽嫩無比，欖仁則香味突出；配合少許胡椒及眾多配菜，是一種集合式的味覺體驗，絕對不會喧賓奪主亦不會孤家寡人，是看似錯雜實則有序的烹飪。

頭兩道菜都是典型的炒菜，吃的是食材在猛火快炒後混合產生的鮮香，以及剛出爐時那陣火熱的鑊氣，這其中起到關鍵作用的便是崩牙成的四口大炭爐。根哥子承父業，完全沿用了父親的老方法。炭用的是東南亞粗壯的原木炭，烏黑發亮，燒起來火力十足；爐子是原始的老炭爐，別處已難尋見，炭火的力度熏得廚房牆壁都發黑了；炒菜用的是大鐵鍋，這麼大分量的菜一氣呵成，卻依舊有如此高的精確度，實在令人歎為觀止。

在這之後便是崩牙成最經典的菜，也是我最喜歡的一

道——太史五蛇羹。粵人吃蛇由來已久，但江孔殷家廚研製出來的蛇羹妙法可以說徹底改寫了粵人的吃蛇史。這不單是一道蛇肉菜，還是一道將時令食材集體匯總，平衡而又主題明確地煲製在一起的菜。

江家鼎盛時期，每年秋冬便要辦幾次蛇宴，菜式以蛇羹為核心，輔以果子狸（虎）和雞（鳳）及其他一些菜式，形成所謂「龍虎鳳」的宴席格局。太史五蛇羹亦是各界名流來江家借廚房的主要原因之一。可見這太史五蛇羹之精妙，絕非市井普通蛇羹可比。

所謂五蛇，一般是指眼鏡蛇（飯鏟頭）、金環蛇（金腳帶）、三索錦蛇、灰鼠蛇（過樹榕）及尖吻蝮（白花蛇）；除此之外，還有肉量較大的滑鼠蛇（水律蛇）。這六種蛇中，眼鏡蛇、金環蛇和尖吻蝮都是臭名昭著的劇毒蛇，捕蛇殺蛇都是極富技術含量的事情。

蛇羹要好，高湯絕不能輸，崩牙成的蛇羹以蛇骨雞湯為底，輔以甘蔗（竹蔗）、鮑魚、花膠、木耳、雞絲、魚翅、冬菇等各種食材，點綴以少許陳皮，燉出來的蛇羹鮮美異常，膠質豐富，入口難忘。時至今日，我尚未嚐到令我如此驚歡的蛇羹，唯恒生銀行博愛堂的蛇羹尚可流連，但亦差了不少。

市井的蛇羹多粗製濫造，單說刀工就令人失望。如江獻珠所言，蛇羹的高湯固然重要，食材的刀工更不能忽視。蛇肉需手撕得極為細膩，其他食材則要切得一樣細緻，一碗羹裡有千絲萬縷，舀之連綿不斷，入口才能百轉千回。正因為處理細緻，食材的鮮味得到最大程度的釋放，使得蛇羹成為一個各種

太史五蛇羹

食材互為表裡的集合，每一樣食材都失去自我又釋放自我。

蛇羹的配菜也不可無視。首先時令的檸檬葉，也要切得細如蠶絲；其次白菊花要選飽滿者清洗乾淨，連同菊葉共用；最後還有薄脆的炸製也是功夫活，如果蛇羹的薄脆不酥，則放入蛇羹中簡直毀了整個體驗。這裡面的每一環都不可鬆懈，不然太史五蛇羹便名不副實。

據江獻珠回憶，當年江太史家有兩名花匠常年負責打理家中白菊花及各式盆栽，一到蛇宴的日子，女傭人就忙著清洗白菊花，除清水洗淨外，還要鹽水稍微浸泡以去除花瓣上的蚜蟲；炸薄脆的則是李才的弟弟李明；其餘主料都是李才親自打理，絕不馬虎。我們在崩牙成看到的是這當年風流的殘影，細節上自然沒有這般奢華講究，但依然超越了快銷時代的最高標準。出了這唐樓的門，確實難有一樣水準的蛇羹了。

蛇羹之後上桌的便是粵菜中的經典菜式蒸魚了。崩牙成用的是五斤左右的黃皮老虎，一上桌氣勢萬千。黃皮老虎即為褐點石斑魚，俗稱「老虎斑」，一般野生種皮色呈褐黃色，故名「黃皮老虎」。崩牙成多用四斤以上的大魚，蒸製難度較高。整條魚與蔥絲、火腿絲同蒸，最好吃的部分是膠質豐富又吸收了火腿鮮味的魚皮。

第一次去崩牙成，經驗不足，安排的菜明顯道數偏多，我還要求增加了鵝掌遼參一味。發現炭火大鍋煨出來的鵝掌確實糯軟鮮美，但遼參卻有些雞肋。相對頭三道讓人一吃難忘的菜而言，蒸魚與鵝掌遼參都屬於整餐飯的低潮階段。

正當大家以為上半場的精彩難以複製的時候，子薑雞再次

廚房內的爐灶

讓我們大為驚歎。這也是一道老菜，陳榮在《入廚三十年》中
便記載了一個版本的子薑鴨菜譜。他寫道：「子薑鴨是很有食
趣的，製法亦很新奇。它既不是炒，又不像炆，亦不是燉，但
吃起來似炆又似炒又似蒸⋯⋯如果用雞來配製，亦無不可，
同時雞會比鴨更好吃些⋯⋯」

　　崩牙成的子薑雞確實讓人不知是炒還是炆還是蒸出來的。
一上桌，看上去水汪汪泛著些油光，雞與嫩薑同色，黃黃一
片，中間點綴些蔥白，波瀾不驚。一動筷子發現，這雞肉嫩滑
至極，是一種柔嫩的口感，而雞肉的鮮味全然釋放，又不見骨
肉連接處有任何血色，實在是妙。子薑柔軟多汁，有醃製後的

淡淡酸味，薑的辛辣味則恰到好處，與雞肉平衡調和。正是一道粵菜所謂「和味」的傑作。

按照陳榮的說法，這雞肉是要落油，再與子薑同炒，後上爐蒸製一個多小時，才適當炆煮。但如果經過這麼些程序，雞肉又是如何做到滑嫩至此的？實在有趣。

隨後是一道蟹粉竹笙，放在主食前，可調劑口味，畢竟吃了那麼多肉菜，該來些菜蔬了。不過蟹粉過於厚重，將竹笙原有的鮮滑淡雅的味道都給遮蓋了。這道菜屬於老式的奢華，卻得不到現代人的共鳴了。

崩牙成的生炒糯米飯是另一道經典老菜，亦是秋冬的時令。生炒糯米飯費時費力，多數粵菜館已見不到。即便餐牌上有這一道，多數也是把糯米提前蒸熟，再做樣子翻炒幾下就上桌，口感味道自然大相徑庭。

糯米先要泡水數小時，在炒製前要瀝乾水分。從生糯米炒製熟透需要很長時間，炭爐的火力雖猛，依舊沒法大幅縮短炒製時間，整個炒製過程可謂是體力活。在炒製的時候，需要適當加水，水的比例非常重要，加多了糯米就會發軟，加少了則硬而不熟。

崩牙成的生炒糯米飯配料有雞蛋、蔥花、臘味、冬菇、芫荽等等，炒成之後香氣撲鼻、顆粒分明，糯米綿糯而有嚼勁，臘味鮮美，令人輕輕鬆鬆就吃下滿滿一碗。當晚一位聲稱拒絕碳水化合物的胖朋友，默默吃了四碗⋯⋯

吃完糯米飯，所有人都已十分飽足。但聞到陳皮蓮子紅豆沙那香氣的時候，大家都表示甜點佔據的是另一個胃⋯⋯這

陳皮紅豆沙

紅豆沙燉得極為濃稠，紅豆本身已經消亡，只剩下深紅色的豆沙，與其中的蓮子糾纏在一起，間中飄散出不見蹤影的陳皮香氣，一切都已融為一體。

不過紅豆沙再美味，大家也吃不下這一整煲，於是只能打包帶走。

恍恍惚惚間，已吃了三個小時。我們謝過根哥，一起合了影之後便各自回家去了。

半年後，我又重訪崩牙成，叫了些新朋友，也有些老飯友。我刪去了鵝掌遼參與蟹粉竹笙，只保留了最為經典的幾個菜，依然十分美味，也十分飽足，我那不吃碳水化合物的胖朋友，照例還是吃了三碗糯米飯⋯⋯

但我又不得不想，當年鐘鳴鼎食之家，自然不可能只得七八味拿手菜，想必諸多菜式在傳承的過程中逐漸失傳。或是李成未將所有菜式傳授給兒子，或是根哥並沒有成熟掌握所有菜式，因而只做最經典和最擅長的？我不得而知。

　　據說根哥沒有兒子，只有女兒，不知他是否有收徒的計劃。李煜霖也好，黎有甜也罷，這些名廚如果後續無合格傳人，手藝終究會失傳變味，到最後或偷工減料成了四不像，或徹底絕跡。

　　現在的崩牙成猶如一道任意門，讓有幸進門的食客可一嚐當年鐘鳴鼎食之家的宴席菜式，而儀制無疑已經極度簡化了。幾十年後，崩牙成的傳奇終將結束，而這末代風流也終有一天成為紙上傳說，畫裡乾坤，好像《武林舊事》、《夢粱錄》，讀之行間，終不能再現。

註

1. 寫於二〇一七年十二月四至十一日。
2. 會蛇意思為與蛇打交道。
3. 詳見本冊附錄。
4. 陳夢因（1910-1997），筆名「特級校對」，香港著名編輯、美食家。
5. 尹國駒（1955-），澳門商人，黑幫頭目。
6. 我手上有一九六三年中國財政經濟出版社的《中國名菜譜》第 4-5 輯《廣東名菜點》之一二兩冊，均未收錄炒桂花翅；一九八二年日本主婦之友社出版的《中國名菜集錦》廣東卷中亦沒有這道菜；但一九七九年中國財政經濟出版社的《中國菜譜》上海卷有桂花魚翅這道菜（P120），做法與炒桂花翅類似。

舊時光的存與廢 [1]

鏞記八樓嚐真會所

究竟還有多少人記得鏞記
鼎盛時期的真味道？
這些問題大概是永無答案的。

　　雖說人要活在當下，但生活總充滿瑣碎，不似回看歷史，都是些波瀾壯闊的大事件。殊不知歷史者擇其要者述之，其中普通人幾乎全部消失，這何嘗是彼時的真實生活呢？反而讀三言二拍一類的話本小說，才可以真切感受到當時市井生活的點點滴滴。

　　餐廳也是一時一地之產物，多少無名餐廳消失在歷史中，似乎它們從未存在過。而名餐廳抵抗時光者也少，多數都曇花一現、過眼雲煙，到最後只有殘存文字、圖片記載，未來者不能品嚐其味。即便是歷史悠久的餐廳，幾代相傳，廚師團隊難免更替，最後也會有老食客跳出來說今不如昔也。人總是有些

懷舊之情的，時光投影下，一切都帶了一層美的面紗，缺點和不足便就此淡忘，這是對現世瑣碎的不公平之處。

比如歷史悠久的鏞記，常有香港朋友說如今的鏞記已淪為遊客店，以前確乎是不錯的。二〇〇八年米其林剛進入港澳地區的時候，鏞記連續三年都獲得一星評價，隨後淪為推薦餐廳，至二〇一三年已不見蹤影。究其原因大約是因兄弟分家導致餐廳品質大受影響。

剛搬來香港生活的時候，作為聖地巡禮來過鏞記。那日與W小姐從迪士尼回來，並未預訂任何餐廳，於是就臨時去了鏞記。

中環威靈頓街上的鏞記大廈建於一九七八年，是在創始人甘穗輝（1912-2004）於一九六四年購買的幾個相連店舖基礎上改建的。鏞記也是香港為數不多擁有豪華自置物業的老牌餐廳之一（陸羽茶室及福臨門亦是）。金色牆面上鑲著銀色的「鏞記」二字，可謂十分醒目。鏞記大廈樓層頗多，六七及九樓已放租給他人；五樓為鏞記辦公區，四樓為貴賓包房；三樓則是龍鳳大禮堂（一九七四年修建），據說當年從北京找了老木匠，花鉅資方建成；而一樓地廳和二樓便是大眾最為熟悉的用餐區域了。二〇一五年鏞記斥資千萬重修了地廳，現在的面貌已與我首次拜訪時大不相同。

雖然一二樓接待量甚大，但畢竟名聲在外，加之當時乃中秋假期，我們八點到店仍需取號等待。入座以後依例點了些招牌菜，全香港為數不多的炭爐燒鵝自然要點，在服務員推薦下還點了一些小菜及鮑魚鵝掌。但一餐飯吃下來並不覺得印象深

刻，燒鵝溫度已過，鵝體又瘦，吃起來頗為乾身。其他菜式亦是他處更佳，讓人好生失望。從此之後，除了中午偶爾買他家的外賣飯盒[2]，便再也沒有拜訪了。

在很長一段時間裡，舉凡他人說鏞記乃完全可以無視的遊客店，我都會舉雙手贊成。直到有日聽聞鏞記八樓有一不對外營業的會所，專門接待會員。據說該樓層的廚房亦是獨立，菜式與地廳不同，有很多菜式都已坊間難找。

我的好奇心被這種種傳聞激發，於是拜託朋友幫手預訂，並約了一眾同好前去一探究竟。去前做了些研究，發現八樓的嚐真會所開業於二〇〇四年，並非單獨設立廚房。但嚐真會所的菜品都有專門的廚師團隊製作，連燒鵝都與地廳不同。

約定的日期正是初春時節，天氣漸暖，香港已經開始有些悶熱了。下了班來到鏞記，發現側門窄小的門廳裡擺放著「徐先生宴席設於八樓」的牌子，算是十分老派的做法。鏞記的正門雖然氣派，但四樓八樓均要從側門進入，顧及了各位賓客的隱私。香港的老飯店都有些趣味故事傳世，比如鏞記門前原不可上落客人，當年梁錦松在此違例上落還一度引起爭議。此為題外話。

據說為八樓掌勺的是在鏞記工作二十餘年的老廚師。聽聞當年爭產風波後，一眾老廚師都隨大公子甘建成（本名甘琨勝，1945-2012）的後代離開鏞記，不知如今鏞記是否傳承未斷？

電梯門開，按了八字，慢慢上樓去。鏞記大樓雖有翻新修繕，但側樓結構多保留了老格局。電梯顯得有些老舊，速度頗

慢，思緒便飄開了去。

　　鏞記的歷史可以說是現代香港生活的一段縮影，是十分典型的香港故事。

　　甘穗輝出身貧寒，十幾歲便闖蕩社會，賣菜洗碗派報，樣樣苦差事都做過。直到十六歲進入餐廳當學徒，練得一手燒臘功夫，才在廣源西街附近開設了一家燒臘檔。但甘穗輝名字中並無「鏞」字，「鏞記」二字得名於他一九三六年入夥的茶檔。那茶檔開在甘氏燒臘檔旁邊，店主名為麥鏞，甘穗輝與其合夥經營，這便是鏞記之起源。

　　一九四二年，甘氏用積攢多年的儲蓄四千元租入永樂街三十二號的一個店舖，繼續以鏞記之名經營。後日軍轟炸中區一帶，鏞記舊址被毀。合夥人麥鏞在永樂街舊址損毀後退出了經營，甘穗輝則在灣仔鵝頸橋附近短暫開張，局勢穩定後在石板街三十二號重新開業，唯「鏞記」招牌則維持不變。彼時鏞記的燒鵝已有了些名氣，經過多年的打拚，一九六四年甘穗輝買下了威靈頓街三十二號的店舖，奠定了如今鏞記大廈的基礎。隨後十年鏞記名氣日漲，生意興隆，甘穗輝順勢買入附近相連的四個店舖，於一九七八年重建為如今的鏞記大廈。

　　在那個充滿「蘇絲黃」色彩的時代，香港經濟蓬勃發展，各路文化在這裡交織碰撞，香港也順勢成為了西方人窺探中國文化的一個視窗。鏞記作為本地的著名食府，名聲遠揚，一九六八年還被美國《財富》雜誌評為世界十五大食肆之一，為其中唯一的中餐廳。據說從那時起便有外國遊客將鏞記的燒鵝打包回國，「飛天鵝」（又稱「飛機鵝」）的名號也是從彼時

開始流傳的。

電梯到達八樓,進了包房發現朋友已大致到齊。偌大的包房裡放著一張巨大的圓桌,十個人圍坐著仍顯得十分空曠。菜單早已擬好,取幾例鏞記傳統招牌菜,並未點蔡瀾先生與甘健成當年研發的射雕英雄宴菜式(如二十四橋明月夜等),為的是一嚐鏞記的看家寶。朋友中有住香港的,亦有遠道而來的,坐下後難免閑敘一番,並講些鏞記的掌故。

鏞記的燒鵝是看家本事,也是甘老爺子的發家之道。當年甘穗輝被人稱為「燒鵝輝」,可見鏞記與燒鵝的淵源之深。甘穗輝有三個兒子,長子甘健成,二子甘琨禮,三子甘琨岐。一九七八年鏞記大廈建成後,六十六歲的甘穗輝便宣佈退休,將日常事務交給三個兒子管理。據說甘穗輝雖然退居幕後,但還是常來店裡探看,有時興致好了還去燒鵝檔斬鵝。

即便金融危機、中英談判、禽流感[3]等事件對鏞記生意有起起伏伏的影響,但可以說整個七十至九十年代都是鏞記的黃金時期。無論是各路訪港遊客,還是本地富豪,亦或政界名流、大牌明星都是鏞記的座上賓。林語堂(1895-1976)還於一九七四年給鏞記題字「鏞記酒家,天下第一」,可見當年的鏞記確實是香港的一塊粵菜招牌。

二〇〇四年甘穗輝老先生仙遊,鏞記經營完全由三個兒子掌管。原先鏞記的股份長子和二子各持有百分之三十五,母親、三妹甘美玲和三子各持有百分之十。甘健成負責前廳經營和菜品研發,坊間流傳他熱愛美食,對食譜多有研究;與本港諸多名食家都是好友,與鏞記廚師團隊亦關係緊密。比如有名

的太子撈麵便是他的創意，採燒鵝腿上的鵝油拌麵，鮮香不膩，獲得諸多好評。老二則主管公司總體運營。

二〇〇七年，老三甘琨岐去世，老二獲得老三的股份，並暗中收購了三妹的股份，導致持股上老二達百分之五十五。後老二將兒子安排進董事局，在經營事務上與兄長甘健成多有磨擦。

矛盾爆發點是二〇一〇年的機場競標事件。當年年初，二子甘琨禮之子甘連宏提出在機場開分店，老二對兒子的提議表示支持，但甘健成提出反對。雖然最終甘健成同意競標計劃，但鏞記意外落選。從此老大與老二的矛盾逐漸公開化。長子甘健成要求弟弟把自己的股份收購，自己則退出鏞記的管理。但老二不予理睬，最終兩人對簿公堂，老大要求把鏞記清盤，法院亦批准了。一時鬧得滿城風雨。許多食客以為鏞記將成歷史，紛紛跑去吃最後的「飛天燒鵝」。

沒想到甘健成積鬱成疾，外加細菌感染，於二〇一二年十月突然過世。之後香港高等法院駁回清盤申請，甘健成的兩個兒子隨後出走鏞記，自立門戶。

甘健成長子甘崇軒二〇一四年在灣仔開設甘牌燒鵝，第二年便獲得米其林一星，並一直保持；二子甘崇轅在天后開了甘飯館，帶了一眾鏞記老廚師立志將甘健成的美食遺珠發揚光大。鏞記從此四分五裂，元氣大傷，諸多甘健成研發的菜式也從菜單下架，唯有那全港少有的明火炭爐可以拿來一說。

二〇一五年十一月十一日，甘健成遺孀梁瑞群代表亡夫向終審法院上訴，最終勝訴，法院下令清盤。隨後雙方的股權收

購談判又失敗，鏞記未來的命運依舊有不確定性……[4]

正聊得興奮，營業經理沈先生進來和我們打招呼，這些敏感話題亦不方便當他的面討論，於是我們轉而看起菜單。除了招牌的燒鵝外，有應季且難找的禮云子；還有盛大的前菜五福蘭亭[5]，據說一九九六年時，鏞記憑這道菜式戰勝了訪港的日本料理鐵人。其他菜式亦十分豐富。沈經理大致說了下菜單，隨後便開始上菜了。

首先上桌的是不在菜單上的酸薑皮蛋，用的是鏞記自家製作的溏心皮蛋，配上自家醃製的子薑，是一味粵菜館常見的開胃小菜。鏞記的皮蛋醃製時間有嚴格講究，一般在二十八至三十天之間，撥開便是完美的溏心皮蛋。若醃製過久皮蛋便會實心發硬。鏞記的皮蛋松花紋清晰美觀，也是醃製得當的體現。這一開場印象不俗，令人期待後續的菜式。

前菜是傳說中的五福蘭亭，碩大一個微縮蘭亭被服務員抬上桌子，上面用乾冰營造出雲霧質感，這招雖不新鮮，卻勝在排場。這菜式取的是王羲之蘭亭鵝池意象，亭子周圍和裡面放置著五味前菜，分別是松子雲霧肉、椒鹽海參扣、薑蔥豬心蒂、爽滑脆魚皮及水晶石榴包。

這松子雲霧肉上為熏煨肉，下鋪松子，據說是當年甘健成在蔡瀾提議下復原的《隨園食單》菜品，袁枚的「熏煨肉」一條寫道：「先用秋油、酒將肉煨好，帶汁上木屑略熏之，不可太久，使乾濕參半，香嫩異常。」《隨園食單》雖好，但其中菜譜多簡略概括，實際操作起來缺乏細節指引。研發這道菜品的時候，鏞記廚房反覆試驗多次，才製成這一味松子雲霧肉。

上｜溏心皮蛋

下｜五福蘭亭

鏞記的做法是用陳年普洱茶水煮去豬腩肉肥油，然後上湯加香料慢煨數小時，再用滷水入味，最後以茶葉、甘蔗及菊花等多種食材煙熏，待肉塊乾濕參半起鍋上菜。這肉乍看以為是東坡肉，味道卻完全不同，未入口已聞清香，入口更添酥潤。一人兩小方，恰到好處。

椒鹽海參扣和薑蔥豬心蒂都取了食材刁鑽的部位，都是爽脆的菜式。海參扣用的是桂花蚌[6]，取兩頭最脆嫩者，用椒鹽調味而成。豬心蒂用了豬心頂上的血管，類似於黃喉，但只取其中一小段最爽脆者。

脆魚皮和水晶石榴包味道也不錯，但相較前幾個小菜則比較普通。

當日的湯是著名的爵士湯，一大盆上桌，容器的陣仗亦很大。爵士湯坊間有兩個版本，一為鄧肇堅爵士（1901-1986）教給西苑酒家的版本，裡面用的是蜜瓜、螺頭、花膠、雞爪及瘦肉。另一個版本則是邵逸夫爵士（1907-2014）的，其餘材料不變，蜜瓜改為木瓜。

服務員一打開湯甕，發現鏞記做的乃木瓜版本。先是聞到幽幽的木瓜香氣，又在看到淡黃的湯色，再喝到鮮甜的湯味，是一個三部曲式的體驗。木瓜的甜味沒有搶走其他食材的精彩，喝下去暖胃舒心。

湯品之後便是鏞記的招牌燒鵝，今日的版本是「傳統家鄉燒鵝姑」。所謂鵝姑便是沒有生過蛋的小母鵝，又稱「雲英鵝」，數量稀少，是極難找的。普通的鏞記燒鵝採用五公斤左右的三洲黑鵝，出欄時間在一百天左右。鵝來自於內地，他們

上｜滋潤爵士湯

下｜傳統家鄉燒鵝姑

有合作日久的鵝場，可以按照要求養殖。為了保持肥瘦適當，健康的鵝被選出後便改為棚養，防止其運動過多肉質變韌。

鵝要講究，燒的炭也關鍵，鏞記用的是南洋來的二坡炭。早期南洋炭多從新加坡進口，因而稱為「坡炭」。二坡炭易燃，燃燒溫度較高，且基本無煙無火星，是明爐燒臘的良炭。

鏞記的燒鵝是皺皮做法，不似深井燒鵝以皮脆聞名，看重的是燒鵝整體的味道和口感。甘穗輝總結出的燒鵝之法，燒鵝皮肉渾然一體，配以燒鵝汁水，不用蘸醬已十分美味。

由於每日供應量較大，因此醃製和風乾步驟都在小西灣的工廠裡進行，之後再送到店中進行明爐炭火烤製。坊間燒鵝的醃製材料大致相同，陳皮、草果、黑木耳和茴香是必不可少的，但比例配方上各家都有心得。鏞記的陳皮選用十年以上老陳皮，風味更濃郁；而黑木耳則要用小的貓耳雲耳，至於以何種比例進行醃製則屬商業秘密。

這一晚一隻小鵝姑呈現在我們眼前，很快便被分盡。在座各位朋友都在地廳吃過鏞記的燒鵝，都感歎今晚的燒鵝才讓人明白為何鏞記以燒鵝立家。鵝姑肉嫩皮酥，鵝皮吸了燒鵝汁水雖不十分脆，但口感恰當。燒鵝透著淡淡炭香，配著木耳吃別有一番風味，吃多幾塊亦不覺肥膩，是當晚令人印象深刻的菜式。港島區僅有的幾塊炭火明爐牌照以此看來並未浪費。

頭幾道菜開場不錯，接下去的菜不可說不好，但由於開場定調太高，使得後面略顯平淡，當然禮云子蛋清除外。比如清湯牛爽腩，取牛肋骨下巴掌大的兩塊肉，部位精妙，烹飪後亦十分爽滑鮮嫩，但卻不是他處不可尋覓的菜式。大班樓和名人

禮云子蛋清

坊這一味亦做得很好。黃皮老虎斑炒球拼椒鹽頭腩雖然惹味，卻不如清蒸斑魚來得直接原味。在我看來好的野生魚，保留其原味的清蒸或清湯煮仍是最佳料理方法。

不過禮云子蛋清一味確實令人大呼鮮美。禮云子是蟛蜞的卵，因蟛蜞古稱「禮云」，故其卵名為「禮云子」。蟛蜞是一種相手蟹，蟹鉗常互握，好似作揖，因此古人稱之為「禮云」[7]，是一個非常雅致的名字。這種小螃蟹多生長於鹹淡水交接的河口及稻田水道中，每年初春乃是其產卵的時節，嶺南人取其卵入菜，好似蘇浙人取大閘蟹蟹膏蟹黃入菜一般。香港的禮云子一般來自佛山番禺一帶，近幾年水質污染，禮云子產量大減，加上市場需求增加，因此價格不菲。

禮云子本身灰黑，熟了之後變成橘色，十分豔麗喜人。鏞記的禮云子菜式不止蒸蛋清一味，還有與琵琶蝦一道炒製的，但我認為與蛋清同蒸不破壞禮云子原味，是兩者中的妙法。一勺入口爽滑鮮美，禮云子透著淡淡的香氣，可惜蒸蛋清只有少少幾口，瞬間就吃沒了，頗有豬八戒吞人參果之恨意。

這幾個菜除了味道之外，擺盤也頗有些趣味，非常具有年代感。盤上的雕刻或魚或鳳都是吉祥的意象，但現在看來有些過時和沒必要了。

隨後的鵝肝腸花卷十分美味，鏞記的鵝肝腸也是有名的香港手信，與花卷同蒸正好讓花卷吸收了鵝肝腸的香氣，又可平衡油膩。

最後的一碗銀絲細蓉吃的是湯底的清爽鮮美和麵條的勁道順滑。粵人稱雲吞麵為「蓉」，根據每碗的分量分為細蓉、中

鵝肝腸花卷

蓉和大蓉等。一般細蓉者有一個麵餅和四粒雲吞。雲吞麵的麵和湯底都十分重要，麵要有嚼勁又不可死，鹹味要恰當，不可有鹼水味；湯底則多用烤製過的大地魚[8]乾、豬骨和蝦頭等熬製而成。鏞記的細蓉十分講究，潤物細無聲，湯味鮮美，透著淡淡的韭黃香氣，是簡單中出真章的一味。以此收尾，顯示出化繁為簡，回歸質樸的菜單邏輯。

甜品是簡單的馬拉糕和水晶糕，是老酒樓常見的搭配，取名叫做「羊城美點」，點出了香港粵菜的淵源所在。到此為止，我們的鏞記八樓懷舊之旅便結束了。

走出餐廳，中環依舊人來人往，九點多的港島正是熱鬧時刻。鏞記的金色牆面在燈光下顯得分外搶眼，而地廳裡食客滿堂，絲毫不見衰頹之勢。舊時代與新時代在這裡觥籌交錯，看

似真切的面孔卻已經陌生，時代的味蕾記憶也容易被篡改，八樓嚐真會所當真是鏞記最妙的水準嗎？究竟還有多少人記得鏞記鼎盛時期的真味道？這些問題大概是永無答案的。

鏞記之外，甘穗輝還於一九四七年創辦了鑽石酒家。鼎盛時期鑽石酒家分店甚多，除卻上環總店還有尖沙咀、旺角和灣仔等分店。八十年代後生意蕭條，分店紛紛結業。至二〇〇二年鑽石酒家總店亦關門大吉，成為了記憶中的餐廳。

如今已少有人記得鑽石酒家。餐廳者便是如此，一時一地，潮漲潮退，舊時光的印記遠比想像的要淺。鏞記八樓嚐真會所雖然努力讓食客感受輝煌時代的味道，但也是暮色已近，食客要靠情懷和想像去重構那個奔騰年代了。

註

1. 寫於二〇一八年八月八日至十二日，基於二〇一七年三月的一次拜訪。
2. 鏞記是全香港首家製作紙質飯盒的酒家。一九六四年創始人甘穗輝去日本旅遊時，受當地便當盒啟發產生了製作紙質飯盒外賣的想法。
3. 一九九七年香港爆發禽流感，政府禁止售賣家禽，鏞記將招牌燒鵝改為炭烤羊腿，雖然銷量一般，但也渡過了難關。
4. 以上內容參考當年媒體報導，不代表作者觀點或立場。
5. 該菜式以形式為主，包括五個小菜，其中的菜式並不固定。
6. 海參之內臟。
7. 出自《論語 · 陽貨》：子曰「禮云禮云，玉帛云乎哉？」
8. 即比目魚。

人來人往 [1]

福臨門（灣仔店）

福臨門不是個讓人眼前一亮的餐廳，但若你懂得點菜，亦可在福臨門吃得十分滿意。

說起香港的粵菜館，福臨門是繞不開的名字。即便《米其林指南》最高也只給過灣仔總店兩顆星 [2]，還時不時掉星，福臨門依舊享譽全港，甚至美名遠揚海內外。作為香港最為著名的「富豪食堂」，福臨門的發家史有著濃重的傳奇色彩。

創始人徐福全（1908-1977）十四歲學廚，師成後便在大戶人家當廚，更曾是當年「香港四大家族」之一的何東家族的家廚。

說起何東家族，得多費些筆墨。何東爵士（1862-1956）的父親何仕文 [3] 為荷蘭猶太人，母親施娣籍貫廣東寶安縣 [4]。

何東父母未正式結婚，其父因覺香港的生意難以維持，於一八七三年離開香港。因此何東由母親獨自撫養長大，從小接受漢塾教育，以華人自居，認籍貫為廣東寶安縣。何東爵士先任職怡和洋行華總經理，後投資地產業致富。其家族枝葉龐大，李小龍（1940-1973）與何鴻燊（1921-2020）也是何氏宗親。

一九四八年徐福全自立門戶，創立「福記」到會服務。所謂到會便是替主顧上門置辦宴席。光復之後的香港，經濟處於恢復階段，叫得起到會服務的基本都是底子厚實、未被戰爭拖垮的富貴之家。彼時公開營業的酒樓食肆尚未完全恢復，到會服務成了大戶人家待客宴請的主要辦法。

在這個過程中，徐福全積累了不少人脈。一九五三年在熟客的建議下，福記改名為「福臨門」，但第一家福臨門酒家則晚至一九七二年方在灣仔駱克道開業。後來福臨門生意越做越好，在莊士敦道買下物業，開設了富貴氣派的總店。這便是灣仔福臨門酒家的前世今生。尖沙咀分店則是在一九七七年開業的，店舖是從老主顧——恒生銀行創始人之一何添處租來的。後來陸續在日本、內地及澳門開設了一些分店。

早在一九六八年，徐福全便「金盆洗手」，不再下廚，他將福臨門的經營大權交給了五子徐沛鈞、七子徐維鈞[5]。前者主外場，後者主內廚。廚房事務一概由七子徐維鈞負責，七子人稱「七哥」，是唯一跟著父親學廚的兒子。他十四歲起便開始跟著父親學藝，從採購到食材處理，再到烹飪的每一步都勤勤懇懇學會。

徐福全過世後，兩兄弟協同作戰，將福臨門經營得紅紅火

火，氣勢不輸當年。即便有矛盾，亦是「兄弟鬩於牆，外禦其侮」。隨著兩人年歲漸長，徐家第三代逐漸介入福臨門的經營事務，兄弟之間開始產生矛盾。香港的財團豪門總逃不出肥皂劇劇情的宿命，創業的老一輩過世後，分產風波似乎成了老牌食肆難逃的命運。

二〇〇七年開始兩兄弟的不和逐漸表面化。二〇〇九年開始兩人對簿公堂。二〇一三年七子徐維鈞全面退出福臨門經營，另起爐灶，在灣仔開了家全七福，意在傳承父親遺志，弘揚家傳廚藝。分產風波後除了港澳三家店，其餘福臨門全數改名為「家全七福」，由七子徐維鈞主理。

目前福臨門僅有灣仔、尖沙咀及澳門三家店[6]，其中人氣和口碑雙高的便是灣仔之總店。總店去了好幾次，尖沙咀店則從未到訪，因不願冒險。福臨門餐牌內容豐富，我只窺見一斑，並未全數品嚐。不過整體而言，福臨門的食品質素相對穩定，烹飪水準亦維持在較高水準上。然要說每道菜都稱心合意則自然是說了大話，尤其在人來人往中，福臨門的傳承是否依舊，也值得打上一個大大的問號。

一想到福臨門，首先想到的必是鮑魚、魚翅、花膠一類的名貴食材。傳統名貴食材的處理水準是判斷一家高級粵菜館的重要標準。如果名貴食材處理得平庸，小菜再好，也對不起「酒家／酒樓」之稱（當然反之不成立）。福臨門在這一點上可謂有絕對的擔當，畢竟熟客中各路名流甚多，大菜自然拿得出手。

福臨門名貴食材的定價不低，但考慮到食材的可得性、選

材的嚴格程度及烹飪的水準，則選一些性價比較高的名貴菜一試未嘗不可。比如蟹肉海虎翅，清鮮可口。福臨門的海虎翅翅針粗壯飽滿，口感外脆內糯。清湯的頂群翅湯汁鮮美，翅針彈牙，吸收了湯汁的鮮味後無須添加多餘紅醋，原味即是最好。

品質突出的乾鮑、花膠和魚翅都屬於難尋覓的稀有食材，所謂「千金難買雙頭鮑」是也。而且乾貨極其考驗泡發處理功力，單是泡發就要花上幾天時間，要價高自然就可以理解了。福臨門的定價不算實惠，相較同檔次的粵菜館，屬於較貴之列。其乾鮑更是昂貴，二十頭以上的窩麻鮑或吉品鮑[7]，動輒數千港幣，上萬亦是平常事。且乾鮑價格依時而變，買單時難免有驚喜。

除了鮑翅這些富貴菜之外，福臨門菜式的選擇空間非常大。各類食材都有多種菜式可選。據說雖然保持了傳統粵菜的精華，但福臨門在烹飪細節上有所創新。因此老菜吃出新意往往都在注意不到的細節上。小菜也是判斷一家高級粵菜館的另一重要標準。

先點上一壺茶，然後來一碗當日的老火例湯。暖胃消疲，打開食慾。

之後便可安排些前菜。比如福臨門的皮蛋酸薑可謂必點，皮蛋處理極好，半流質，入口化開，香氣滿口。酸薑酸甜適度，清口解膩。

竹笙燕窩卷清鮮開胃，一人一件正好。這道菜的關鍵在於高湯的品質，福臨門的高湯鮮美清澈，配以優質竹笙和燕窩自

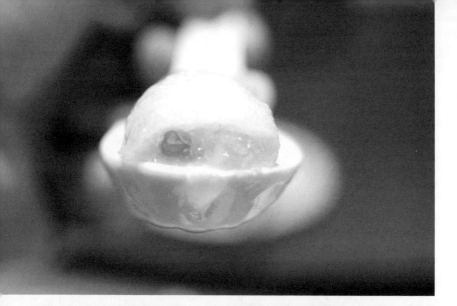

上｜竹笙燕窩卷

下｜金華玉樹雞

然不會出錯。

椒鹽生中蝦皮脆肉嫩，火候恰到好處。但蜜汁燒鱔則調味過甜，我喜歡吃無錫脆鱔，因此某次在福臨門無知地點了蜜汁燒鱔，結果發現完全不是預想的口感。燒鱔蜜汁略重，吃著非常膩口，最後剩了一半無人問津⋯⋯

當紅炸子雞應該試一下。雖然福臨門的炸子雞不是我最愛的版本，但在開檔經營的食肆中屬於精良者。不過福臨門待客量大，廚房出品有時不太穩定。某次點的炸子雞明顯偏鹹，可見調味失準了。這道菜適合人多的時候點，一人兩塊正好，再多吃幾塊便會有些膩口。而放得時間太長的話，炸雞的口感便大打折扣。

除了炸子雞，鹽焗雞和金華玉樹雞亦是絕佳的雞肉菜。鹽焗雞無須多言，金華玉樹雞則是一道既美觀又美味的功夫菜。足齡鮮雞適當醃製後，高溫蒸熟，去骨切件。雞塊與切片金華火腿及筍片一同放好，再蒸幾分鐘，用雞湯原汁勾茨淋上即成。擺盤時放上煮熟的菜遠[8]，便有了玉樹的意象。福臨門的金華玉樹雞做工精良，用料考究，雞肉維持在鮮嫩的狀態，而火腿與筍片起到了提鮮的作用，是一道十分清鮮可口的菜式，與炸子雞是截然不同的兩道風景。

廣式的魚香茄子煲確乎是放鹹魚粒入內的，這和四川的「魚香味」的概念是全然不同的。一煲熱騰騰的魚香茄子煲端上來時，鹹魚的香氣撲鼻而來。如果不喜歡鹹魚，就要皺起眉頭來了。於我而言，這道菜絕對是下飯的利器。不過南乳炆粗齋煲我是怎麼也喜歡不起來。

粵菜講究從食材本身特性出發，尊重本味，善於用簡單的烹飪凸顯食材原味。比如粵式清蒸魚，看似簡單得不得了，實踐起來則常常把握不好。不是蒸老了，便是裡面沒熟。別說新手，便是做上幾年飯的家庭主婦，有時候都要緊張地掐著時間起鍋。

福臨門的清蒸魚簡單得一目了然，沒什麼玄機，吃起來卻滑嫩。魚肉的溫度和蒸製時間恰好。即便在客人滿座的情況下，都能保證烹飪的精確性，令人印象深刻。某次聚餐，店家準備了三斤半的野生黃皮老虎斑，皮脂豐厚，膠質充足，肉質鮮嫩，即便個頭頗大，福臨門亦處理得十分到位。無論拿貨還是處理水準都不容小看。

一些準備過程繁雜、或不常有客人點、或季節限定的菜式可以在預訂時提出要求，與店家商榷；亦可在點菜前，嘗試向服務員提一些自己的要求。如果廚房有原料可製作的話，即便菜單上沒有，廚師也可能會做的。畢竟福臨門是到燴服務起家，服務的靈活性相當好。

大紅乳豬全體自然是要預訂的，這是福臨門的招牌菜之一。原先被認為是全港最佳烤乳豬，但分家後，此一讚譽已逐漸轉移至家全七福的烤乳豬上。福臨門的乳豬用料講究，選用不足月的小乳豬，烤製亦算到位。但豬皮雖脆，卻油花滲出太多，吃第二片便覺得膩。豬腳烤得過了火候，口感已發硬，還透出淡淡豬皮臭。豬肉吸收了太多醬汁，單吃覺得過鹹。總體雖仍在水準之上，但與家全七福相比則令人略感失望。

冬瓜盅是粵菜酒樓夏日必備的消暑湯品。福臨門自然亦會

清蒸黃皮老虎斑

準備這一季節美味，不過需要預訂。此處的冬瓜盅湯味清鮮、冬瓜軟滑、用料到位，是經典菜式之一。

鷓鴣粥這樣的懷舊菜，因平時少有人點，定要預訂。鷓鴣要提前找貨，不是每日都有。這菜據說起源於二十世紀三十年代的澳門，因鷓鴣清熱降火，故亦是養身菜式。做時要以鷓鴣提湯，肉斬為茸，與雞肉茸、淮山一起燉煮，最後加入燕窩。

家全七福這一味做得非常鮮美，令人常吃不厭。可沒想到福臨門的鷓鴣粥卻大失水準，調味不和，不是鮮味也不是鹹味，而是一股怪味；質感過稠，喝進去糊在嗓子眼，感覺很不好。吃完一碗，大家都不想再要，剩下小半鍋無人問津。

核桃露

　　不禁想是否因為分家後廚房核心團隊被帶走一部分，近幾年老廚師又逐漸退休，而頭廚梁燊龍[9]又跳槽去了半島酒店的嘉麟樓，因此福臨門的菜品傳承出了重大缺漏？坊間傳聞，以前幾乎日日去福臨門用餐的富豪劉鑾雄（1951- ），因福臨門廚房人員變動、菜品質量下降，已轉而幫襯嘉麟樓。富豪都轉了食堂，可見其中必有緣由。甚而服務上也開始出現紕漏。某次預訂了雞子戈渣，結果到了店裡，經理說忘記跟廚房交代，只能打個折扣了事。

　　說回菜品，我對於粵菜酒樓的傳統甜點充滿熱情。一是甜膩度低於巧克力一類的甜品，較能落肚；二是核桃露、杏仁

茶、紅豆沙之類的都是暖心暖胃的熱甜點。福臨門的蓮子紅豆沙甜度控制得不錯，不會給吃飽了的胃添堵。核桃露亦還可以，馬拉糕倒沒什麼值得誇的地方。懷舊芝麻卷（菲林卷）則不是常備的，需在預訂時要求。至於福臨門的點心，雖在水準之上，但無甚值得多著墨的地方了。

在時代變遷中，福臨門佇立不倒，看盡幾十年的人來人往。雖然有顛簸曲折，但老店的底子仍在。希望它能在新的時代保持銳意，在經歷分家風波、廚師跳槽、食客審美轉變等微觀宏觀變遷後，不要斷了多年的傳承。

有朋友去過福臨門後說，不過如此嘛。若說驚豔，確實不覺得。如今的福臨門不是個讓人眼前一亮的餐廳，但若你懂得點菜，亦可在福臨門吃得十分滿意。福臨門的魅力是細水長流型的，只要源頭不乾涸，則福臨門便不會衰敗。

註

1. 寫於二○一六年一月底，後於二○一八年十月底進行修改，基於多次拜訪；定稿前一次拜訪於二○一八年十月。
2. 二○一○年，灣仔總店。
3. Charles Henri Maurice Bosman（1839-1892），荷蘭猶太人，後入英國籍。
4. 香港在割讓給英國前屬新安縣，民國三年新安改稱「寶安」。
5. 徐福全育有四女三男，七子徐維鈞最年幼。
6. 福臨門曾於一九八三年在中環史丹利街開設分店福來居，但因選址欠佳，經營不善，三個月便結業。
7. 窩麻鮑，又稱「禾麻鮑」，窩麻及禾麻均是粵語對產地「大間」（Oma）的音譯。此乾鮑產自日本青森縣的大間崎，兩端有繩孔。吉品鮑，又名「吉濱鮑」，產自日本岩手縣三陸町的吉濱。
8. 菜遠即為菜心最嫩之部分，為粵語習慣稱呼，可能訛自「菜芛」。芛，音偉，指初生的草木花。
9. 梁師傅已於二○一九年下半年跳槽到香格里拉酒店集團，擔任集團中餐行政總廚。

魚翅，或者無魚翅 [1]

新同樂魚翅酒家

好的粵菜館常是高低皆可，燕鮑翅出彩，日常菜式也要顯出功底。

　　週末休息常不願提前安排飯局，但一時興起想吃些好的，便只能一家家打電話問哪家常去的餐廳臨時有位置。因為住在九龍，新同樂便成為最常被「翻牌」的餐廳之一。新同樂沒有被網絡美食家們炒上社交軟件，因此遊客生意並不火爆；且離我住處較近，不用過海；難能可貴的是菜品十分穩定，簡單吃些亦愜意。

　　然而世人說起新同樂便想到魚翅，環保主義的人便要拉長臉搖手說抵制了。可一家歷史如此悠久的粵菜館，哪會只有魚翅好吃？

　　比如午市的點心，雖然選擇不算多，但每次不必變著花樣

吃，最常吃的幾樣便十分優質。簡單的同樂蝦餃皇從裡到外都步步到位，形如彎月，蜘蛛肚；十餘道褶皺細緻整齊，將一件小小的點心塑造成了藝術品。

蝦餃原先以省蝦[2]為主料，但淡水蝦在香港不易得，便逐漸演化成海蝦為主的格局。新同樂的蝦餃用的也是海蝦，與筍丁及少許豬油丁搭配合理。在「死」蝦餃當道的時代，新同樂的蝦餃是「活」的，蝦肉與筍丁搭配適當，褶皺創造出內部空間，裡面汁水充足，入口鮮美，絕無乾巴巴的口感。很多餐廳似乎都以為蝦肉夠大便好，塞整隻大海蝦進去便以為大功告成；殊不知蝦餃的平衡感，並不是呆滯的大蝦肉可以替代的。

脆蠔韭黃黃金腸更是極好的創意，外酥裡潤，蠔肉的鮮美和腸粉的爽滑配以韭黃的清香，讓人胃口大開。而常見的山竹牛肉球亦令人印象深刻。很多店家常為追求彈牙口感，加多了生粉，顯得牛肉球毫無牛肉味，嚼上去也像塑膠。新同樂的牛肉球爽口而不刻意，鮮美且多汁。底下的山竹[3]更是吸了牛肉球的鮮味變得順滑惹味。

還有馬友魚豬肉生煎包也很討喜，鹹魚的鮮香和豬肉天然相稱；生煎包底部脆口，包身飽滿，裡面汁水充足，即便我並不熱愛生煎包，亦忍不住每次都點。生煎包雖非廣府點心的正宗，但精神上與「一盅兩件」是契合的。

新同樂有小分的堂弄臘味煲仔飯，亦是市井的吃食。由於是小分的，因此胃口大的人可以獨吃一煲，而胃口一般的則可兩人分吃。新同樂的臘味皆是自製，品質有把控，配上煲得恰到好處的米飯，實在是讓人食指大動，而最後的飯焦也滲出臘

味香氣，脆口好吃。

至於酸薑皮蛋，薑有時候選得太老，口感不好且偏辣。但皮蛋水準卻穩定，每次都是香滑的溏心蛋，適合開胃。

這些都是尋常的食物，新同樂卻也做得一絲不苟、精緻到位。好的粵菜館常是高低皆可，燕鮑翅出彩，日常菜式也要顯出功底。

如今偏居一隅的新同樂，常讓遊客以為是家不值得一去的商場餐廳而已。殊不知新同樂起起落落已有幾十年的歷史，而且輝煌時期曾開遍港九，是著名的富豪飯堂之一。聊起新同樂，魚翅是無論如何都繞不過去的話題，即便各式小菜點心都十分出色，但不談魚翅，便無法真正瞭解新同樂。

新同樂最有名的魚翅菜式乃紅燒大鮑翅，也是我每次去都一定要點的菜之一。紅燒鮑翅是廣府名菜，並非新同樂原創。別處酒家雖有做得好的，但新同樂的版本更為細膩到位，在我心目中難被替代。這份紅燒鮑翅也是串聯新同樂幾十年歷史的招牌菜式，無論主廚換做誰人，這紅燒鮑翅的地位都不是任何創新菜可以動搖的。

鮑翅中的「鮑」字既與鮑魚無關，亦和鹹魚無涉，乃是「包」字的訛傳。魚翅有翅腰者，形狀似扇形荷包，因此叫「荷包翅」，簡稱「包翅」，後訛傳為「鮑翅」，習慣成自然，這名字就一直延用了。無翅腰的叫做「散翅」，酒樓覺得「散」字不吉利，尤其婚宴時常有翅羹菜式，因此一般叫做「生翅」。這兩種無關鯊魚的種類，只是魚翅形態上的區分。

中國魚翅貿易中有複雜的命名法，魚翅按照產地和品相被

分為幾十種，但和具體的鯊魚種類並無嚴格對應關係，且分類上別名甚多，外行聽來如同天書。比如主要的鮑翅種類有十多種，常見的有黃鯊群翅、天九翅、海虎翅、黃膠翅、牙棟片等等。散翅則有日本軟鯊翼、牛皮鯊翅、金山片、大勾、中勾等。

有科學家對香港的魚翅貿易涉及的鯊魚種類進行了系統性研究，發現其中的鯊魚種類遠比想像中多，十四種識別出來的鯊魚品種僅佔年貿易總重的百分之四十左右。其中最大比例的是大青鯊（百分之十七），其他鯊魚如尖吻鯖鯊、長尾鯊、雙髻鯊、公牛鯊、高鰭真鯊和鐮狀真鯊則各佔百分之二至六左右[4]。

新同樂的鮑翅具體是何種魚翅及來自何種鯊魚，自然是難以知曉了，但每次出品都十分穩定。魚翅的烹飪功夫多在食客肉眼難見處，與其他海產乾貨一樣，泡發是關鍵。一般而言，鮑翅要先用滾水煮半小時，浸冷水後去砂。之後要煲製去骨，並在原水中浸泡十數個小時，再行去腥等步驟，具體步驟和時長要根據魚翅確定，總之是真正費時費力的功夫活。除卻泡發，高湯也是關鍵。新同樂以老雞、赤肉及金華火腿慢慢煨製六小時以上做成鮮美的高湯。

這些功夫都是在客人點單前便已準備妥當的，客人落單後，夥計便會推一烹飪臺來桌邊，現場完成紅燒大鮑翅的最後一步。夥計加熱高湯後，將高湯澆在魚翅上，讓湯汁滲入翅針之間，浸潤整個魚翅，鮮味完全滲透，才算大功告成。新同樂的魚翅僅以高湯調味，不添加其他調料。紅醋更是不會提供，

因為新同樂的魚翅無腥無臭，翅針分明，口感柔滑，吃原味才是最好的。不過有些客人口味重，因此會提供一小碗火腿濃湯在旁備用。

每次在新同樂吃鮑翅都覺得意猶未盡，如此人間美味卻又面臨十分緊迫的動物保護難題，實在是中餐在世界餐飲大潮中的尷尬縮影之一。

新同樂和魚翅的關係是連在根上的。創始人袁傑（1912-1986）祖籍廣東中山，十三歲來港闖蕩，五年後創辦四利魚翅莊。袁傑的魚翅生意做得風生水起，坊間稱他為「魚翅大王」。那是在香港淪陷前，時局穩定，華人在殖民地的地位有所提高，香港正是一片冒險家的樂園。袁傑的餐飲事業則開始於香港淪陷時期——一九四三年他與弟弟在上環開設了同樂酒家。

袁傑的兒子袁兆英（1949- ）十五歲起跟著父親學習魚翅生意，有了家學底子，自然學得順暢，五年之後他便成為了袁傑的左膀右臂。一九六九年，袁傑與弟弟在生意上分道揚鑣，袁兆英便協助父親在銅鑼灣邊寧頓街開設了新同樂魚翅酒家，所謂「新同樂」，便是要與以前的同樂酒家相區分，又不斷了傳承和血脈。這便是新同樂的起點所在。

六七十年代是香港經濟騰飛的時期，也是新同樂發展的黃金年代。粵人愛吃魚翅，新同樂魚翅做得好自然吸引了一眾名流食客，包玉剛、鄧肇堅、邵逸夫等名流富豪都是新同樂的擁躉。因此「富豪飯堂」的稱號可謂順理成章。市民階層消費能力的提升，為新同樂提供了多層次的顧客來源。在「魚翅撈

飯」的美好年代，人人都乘著經濟發展的春風一飽口福。

一九七三年香港發生了歷史上第一次慘烈股災，但新同樂的生意似乎未受影響，並於一九七四年在尖沙咀開設九龍第一分店，一九七六年在窩打老道開了九龍第二分店[5]及在跑馬地亦有分店。一九八一年在包玉剛的提議下，新同樂在海港城開設了旗艦店，此可謂是新同樂發展真正的鼎盛時期。除了本地食客，新同樂也吸引了當時全球跑的日本遊客，常有日本豪客一擲萬金享受鮑翅晚宴。那也是日本經濟泡沫破裂前的美好年代，全世界都是日本土豪的身影。

魚翅雖賣得好，但袁兆英認為餐廳若要長久經營，便要從家族式管理轉變為企業化管理。他與父親袁傑在理念上多有衝突，因此外出闖蕩，於一九八三年成立了獨立的新同樂飲食管理顧問公司。一九八三年他更在中國臺北開設了新同樂魚翅餐廳，一開始經營困難，還遭遇火災，直到與楊貫一合作方鹹魚翻身。這些經歷對於他後來繼承家業，重振香港新同樂酒家可說有重要意義。

一九八六年父親袁傑去世，母親要求他回港繼承家業。袁兆英終於可以對新同樂的管理模式進行改革了，他建立了現代化的餐飲企業管理體系，著力於新同樂品牌的維護和發展。

進入九十年代後，內地客人的身影開始頻繁出現在新同樂，不過這些豪客只是曇花一現，香港社會經濟的整體形勢對高級餐飲的影響才是最關鍵的。一九九七年亞洲金融危機爆發，豪客不再來，而自由行的遊客潮尚未興起，新同樂進入了經營的寒冬。

雖然袁兆英曾在一九九九年選擇在鰂魚涌開設價位較低廉的同樂軒餐廳，亦在銅鑼灣開設了年輕化的翅世代，但仍未能力挽狂瀾，以在蕭條時代中將新同樂撐過去。二〇〇一年十一月三十日新同樂突然全線結業，港九三家分店同時關門，員工上班才發現餐廳倒閉。一時間各種新同樂拖欠租金物業費和員工薪酬的新聞鋪天蓋地，如此一家名聲在外的高級食肆就此消失，令諸多食客都感到惋惜。

　　金融風暴之後的香港又遭遇 SARS 的劫難，經過幾年的恢復，香港的零售業和旅遊業才重回正軌。二〇〇七年，袁兆英與兒子袁展樑重整旗鼓，將新同樂在跑馬地毓秀街復牌，後搬到尖沙咀美麗華商場內，開始了新同樂的第二春。

　　重新開業後的新同樂在保留傳統的同時，在中菜創新上頗有自己的想法。現任主廚陳勇已為新同樂工作多年，他吸收了西餐和日本料理的手法，創製出一些新菜，亦獲得了食客的肯定。比如百花脆皮乳豬件，在脆皮乳豬中釀入蝦滑，炸製後不油不膩，十分香脆可口。這是一道很有層次感的小菜，乳豬的皮質透出淡淡豬油香氣，酥脆的豬皮入口後碎成小粒，混入軟滑的蝦肉中，兩者一同組成第二重味覺體驗，這是我每次都要點的菜之一。

　　還有燒汁乾焗牛肋骨，醬汁是自家調製的，整塊牛肋骨乾焗六小時，不僅肉十分熟軟入味，牛骨都軟化了，非常美味。而花雕竹笙杞子鮮雞窩及枝竹羊腩煲則是冬日的慰藉，趁著香港為數不多的寒冷日子去吃一吃，讓人身心舒暢，是冬日的儀式，不可跳過。

上｜百花脆皮乳豬件

下｜枝竹羊腩煲

二〇一〇年底新同樂魚翅酒家首次入選港澳《米其林指南》（二〇一一年指南）便獲得了三星的最高評價，是歷史上第二家獲得米其林三星的中餐館，一時風光無限。隨後新同樂與投資商合資在北京王府井開了分店，後在雅加達也開了分舖。

　　袁家人乘勝追擊於二〇一三年在中環士丹利街開了港島分店，殺回港島，選址在陸羽茶室對面的一間六百平方米的大地舖，據說租金每月便要六十萬港幣。可惜港島分店菜品做得遠不如尖沙咀總店，我去了一次之後便不再拜訪。港島店生意慘淡，兩年多便結業。而內地的分店計劃因為與投資人起爭端亦暫時擱置了，最後新同樂便蝸居在美麗華商場四樓，重回光輝歲月的理想暫時擱淺了。

　　由於新同樂發家與發展都和魚翅有著千絲萬縷的關係，因此各類反對魚翅貿易的組織當年對新同樂獲得米其林三星頗有微詞。世界自然基金會（WWF）香港分會對此表示失望，認為新同樂獲得三星會直接增加魚翅的消耗，破壞海洋的生態環境。

　　然而米其林星級本身只以食材和烹飪為判斷依據，並無道德判斷的責任。加之餐廳和食客都是魚翅貿易中的消費端，若要人人抵制魚翅入饌本無可能，只能作為一種倡議，倒逼手法未必可以規範上游貿易。魚翅烹飪有許多技法值得學習和繼承，核心部分並不在魚翅本身，而是如何將一無味的食材烹飪得鮮美可口，並將它口感上的特質挖掘出來。談魚翅而色變者，於我而言是有些極端了。

真要規範魚翅貿易、保護珍稀鯊魚品種便要有公權力介入，從源頭入手。如果可以制定完善的法律法規，界定禁止獵殺的鯊魚品種，規範魚翅貿易的各個環節，從規範捕撈獵殺手法開始，到餐廳購買食材為止都有科學合理的規範和制度，則瀕危鯊魚品種才有救。

　　坊間傳聞由於新同樂是全世界唯一一家以魚翅為招牌菜的米其林三星餐廳，因此米其林受到了各方巨大的壓力，第二年餐廳便降為二星，並一直維持至今。不過這只是傳說，誰也無法求證。

　　作為一名普通食客，我只知道，不考慮魚翅菜式，新同樂也是一家優秀的餐廳，並且在很多方面完全碾壓如今港澳《米其林指南》中的某些三星中餐廳。總之魚翅或者無魚翅，我都希望新同樂可以基業長青，給食客繼續創造口福。

註
1. 寫於二〇一八年八月中至九月一日，基於多次拜訪。
2. 廣東一帶的小型淡水蝦。
3. 山竹：先油炸後過凍水的腐竹。
4. "Identification of Shark Species Composition and Proportion in the Hong Kong Shark Fin Market Based on Molecular Genetics and Trade Records", by Shelley C. Clarke, Jennifer E. Magnussen, etc, *Conservation Biology* Vol 20, No.1.
5. 據說是與影星狄娜（1945-2010）合作開設，並由狄娜介紹了上海錦江飯店的一些名廚來港助力。

時代的潮流與回眸 [1]
家全七福

本港出生長大者，也許在這裡可回望過去，重溫記憶中的美味佳餚。

　　自從福臨門分家後，世間便有了家全七福。七哥徐維鈞帶領追隨自己的團隊先是在灣仔杜老誌道群策大廈開設了第一代家全七福，菜品延續福臨門的風格，傳承父親徐福全的手藝。後來搬遷到粵海酒店內，回到了福臨門當年創店所在的駱克道。港澳福臨門之外，其餘福臨門分店皆改名為「家全七福」，歸七哥經營管理。一時間家全七福成了徐家手藝海外傳播的代名詞。

　　我因不是福臨門擁躉，故家全七福開業後亦沒有拜訪。且剛開業時，坊間流傳說家全七福不及福臨門云云，一時間更不願去了。後來家全七福搬至新址，口碑逐漸建立起來，周圍的

朋友亦開始大加讚賞。於是約了幾個朋友去了一次。第一次去因為只有四人，大紅片皮乳豬全體、豬肚鳳吞燕之類的大菜自然不能點。當晚點了雞子戈渣、蜜汁燒鳳肝、金錢雞、蟹肉冬瓜盅、吉品鮑炆鵝掌及燕窩鷓鴣粥等等懷舊粵菜，道道出品精準，皆在水準之上，令人印象深刻。從此之後，家全七福就成了我們吃懷舊粵菜的首選餐廳之一。

一說懷舊粵菜，總繞不開乾鮑參翅肚和燕窩。這些高級食材是粵菜中非常重要的素材，相關菜式亦是考驗一家高級粵菜館水準的試金石。家全七福的鮑魚菜式和魚翅菜式選擇豐富，做工考究，味道鮮美，水準極高。鮑翅菜式是當年其父親徐福全的兩塊招牌，家全七福自然要用心傳承。

關於乾鮑還有一段小插曲，一九六三年，徐福全聽朋友講次年鮑魚可能失收，建議他多買些存貨，於是徐福全一鼓作氣買了一千斤乾鮑，花了整整三萬多港幣。在兩萬港幣可以買一層樓的年代，福臨門這一壯舉成為了南北行間的佳話。後來鮑魚果然失收，乾鮑大幅漲價，這些乾鮑成為了福臨門重要的食材資本。如今千金難買雙頭鮑，七哥徐維鈞六十年代曾覓得一隻十二司馬兩的網鮑，烹煮給了一位茶莊老闆吃。這麼大的乾鮑，現在只能當做傳說來聽了。

日常去家全七福，我多是點二十五頭吉品鮑，一窩炆鵝掌，沸騰著上桌，好不熱鬧。按位裝盤，鮑汁鮮香，鮑魚肉外部彈牙，內部溏心；鵝掌糯軟骨酥，十分誘人。

家全七福的魚翅菜選擇多樣，其中最費功夫者也許要數仙鶴神針。該菜取名自臥龍生的封筆之作，大致可以猜出是以翅

仙鶴神針

針釀某種禽類。實際上是以上好翅針填入乳鴿肚內，再蒸製而成，是一道鮮有餐廳做的老菜。魚翅僅取翅針，配以上好的金華火腿細絲和冬菇絲，以上湯慢煨。煨製好後再填進乳鴿肚中，乳鴿外部抹鹽以老抽上色，最後蒸製兩小時。蒸好後湯汁調味勾芡，淋於菜品上即成。整道菜從上湯製備到煨製魚翅再到蒸乳鴿，耗時當以天計，是令很多師傅望而卻步的功夫菜。魚翅是吸收配料鮮味的絕妙載體，加上它本身的膠質和口感，更令整道菜品的味道得到提升，家全七福的仙鶴神針味道濃郁，口感滑潤，令人一吃難忘。不過不必一人點一隻，兩人分吃一隻可能更適宜。

家全七福被視為所謂懷舊粵菜的集大成者，許多市面上已少有人做的功夫菜和老菜在這裡都能吃到，比如金錢雞又是一例。物資匱乏時期吃葷菜不容易，金錢雞雖用的是雞肝、肥肉和瘦肉等普通原料，組合起來卻是戰後百廢待興時打牙祭的恩物。說是雞，卻不見雞肉，裡面僅有雞肝。結業前的得龍大飯店以金錢雞聞名，但家全七福的做工更為細緻。用糖和玫瑰露酒[2]醃製過的肥肉烤後晶瑩剔透，稱為「冰肉」，它與瘦肉夾著雞肝，以粗鐵針串起來，一個個好似金錢，因此而得名「金錢雞」。每份金錢雞之間需用生薑片或胡蘿蔔間隔，之後入爐燒烤至全熟，聽似容易，但實際做工繁瑣。豬肉片烤製後要維持平坦，肥豬肉要油光透亮，三層食材之間要鬆緊有致，才是好的金錢雞。家全七福的版本水準頗高，只是這菜吃一個尚可，吃多了依然甜膩。

還有道以雞肝入饌的便是蜜汁燒鳳肝，亦是一道老菜，家全七福做得也好。不過這道菜屬於甜口，加之雞肝本身肥膩，疊加起來令人覺得負擔沉重。舊時人們珍惜油脂糖分，覺得這樣的菜好吃。現代人日子富足，自然偏好更清淡健康的菜式，這一類菜傳承上就出現了斷層。

既然說到燒烤功夫，自然不能不提家全七福的大紅片皮乳豬全體。即使對粵菜瞭解不多的外國友人，來港時亦多要求去家全七福吃乳豬，可以說這已經成了餐廳的一塊招牌。烤乳豬是道歷史悠久的菜肴，在《周禮·天官》中記載有八珍之一的「炮豚」，可以說是烤乳豬的原始形態。當代粵菜中的烤乳豬可謂是該菜式的集大成者，尤其是麻皮乳豬，更比光皮乳豬美味。

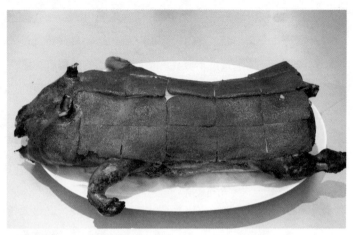

大紅片皮乳豬

烤乳豬多選二至三公斤的奶豬入饌，剖宰洗淨後需要經過改刀，方可開始醃製與燒烤。最厚的脊椎骨要斬去，一些肉質較厚瘦肉也需要去除。之後用鹽、南乳、五香粉及豆豉醬等混合而成的醃料塗抹乳豬內部進行醃製。醃製好的乳豬用鐵叉串起，內部以十字木架撐開，翻轉後以滾水淋皮數次，去除豬皮油膩，然後塗上糖醋和白酒混合而成的脆皮水。

乳豬的烤製耗時較長，且技巧性強。流程上，先烤內部後烤皮，烤製豬皮時需以刺針戳皮泄油，並將油水刷勻豬體。烤製的過程全看師傅經驗手勢，稍有差池，結果便不理想。去了家全七福如此多次，乳豬從未令人失望過，即便有些時候更美味，但每一次都是水準之上的。食用時，服務員先將整隻乳豬呈上，頗有氣勢。之後為客人片皮裝盤，酥脆的乳豬皮配以蔥

球、甜醬和砂糖，以蒸製好的千層餅皮夾著食用。整桌的客人嚼起酥脆的乳豬皮，大家都默不言語，沉浸在乳豬的美味中，唯有此起彼伏的清脆爽朗酥皮破裂聲飄蕩席間。

烤製好的豬肉亦十分美味，尤其肋骨和豬腳是最優部位，肋骨肉最入味，豬腳最軟嫩。而豬頭則可帶回家次日煲粥食用，是一菜多食的妙法。

烤乳豬是廣式酒樓必備的菜品，大時大節粵人都以乳豬做祭品，需求量頗大。但多數餐廳的烤乳豬功能性大於味道，皮油膩而不酥，還常有豬皮臭，這是我最不能忍受的一點；豬肉更是烤得發硬；而醃製時內部的調味亦常過鹹，是一道好看不好吃的菜。但家全七福做的麻皮乳豬，為食客帶來的是外皮酥脆、腿肉鮮嫩多汁和肋骨醃製入味的三重享受。

去家全七福之前，亦在他處品嚐過雞子戈渣，但一直不明白為何此菜常被人吹捧，直到吃進那一口綿軟順滑才知道這道菜的妙處。戈渣者脫胎於北方餎饊，乃豌豆蓉凍成型後炸成的小吃。後經傳播演變在其他菜系中開枝散葉，老川菜中的甜品玫瑰鍋炸亦起源於此。戈渣在江太史手中與粵式上湯結合，變成了一道鹹口小菜。

江太史版本的戈渣如今廣為人知，亦是江獻珠女士當年復興傳統粵菜所作的努力之一。戈渣要取上好的高湯入饌，粟粉和雞子（公雞精囊）的比例亦要精準，且備料時不可落鹽。凍成型的高湯塊切成欖仁形，鋪上少許乾粉，在超過二百度的高溫中油炸方成。這道菜看似簡單，但步步機關。首先粟粉比例不對便不成菜，少則炸不成型，多則口感過分扎實，本港個別

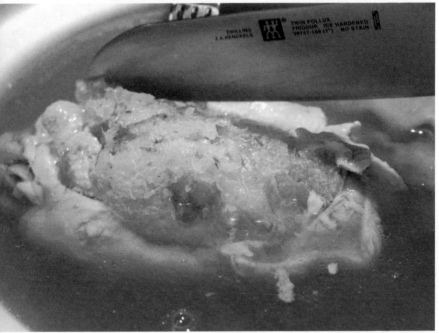

上｜雞子戈渣

下｜鳳吞燕

餐廳便將戈渣做成了炸糕。其次高湯要好，否則炸成後味同嚼蠟。最後油溫要到位，方可外酥裡嫩，破口即散開。家全七福的版本可以說素質極高，且非常穩定，每次來都未曾失望。

這裡高湯做得好，不單體現在戈渣一味上，其他高湯菜式亦都令人滿意。燕窩鷓鴣粥就是一道高湯主宰的菜式，家全七福做得溫潤平衡，鮮味十足。所謂鷓鴣粥並不是粥品，菜中無米，只是鷓鴣化成了蓉，燕窩與淮山相佐便有了粥的質地和口感。說到燕窩便多提一句，家全七福的琵琶燕亦是一絕，溫潤如玉，五味調和，淡淡的鮮味在舌尖蕩開，是一道細膩的高級菜式。

第一次拜訪時正值初夏，是品嚐蟹肉冬瓜盅的好時節。家全七福的冬瓜盅湯色純淨、湯味香濃，眾多佐料各司其職不喧賓奪主。湯喝得差不多了，吃幾口軟爛清甜的冬瓜，冬瓜吸了湯味變得越發誘人。一些酒樓食肆為了凸顯豪華，常在冬瓜盅內加入些不必要的名貴食材，反而破壞了冬瓜盅的清甜雅致。

還有一大幫朋友聚餐時，我們必點的鳳吞燕或鳳吞翅，便是典型的高湯功夫菜。去骨雞肚中填充上等官燕或海虎翅，封口後塞入豬肚中，並多放兩隻豬肚與雞一同燉煮。成菜時香氣四溢，上菜時蔚為壯觀，是一道氣派又美味的大菜。魚翅燕窩都是無味食材，取的是它們吸收其他食材鮮味的能力，如此炮製的燕窩魚翅浸潤在高湯中，絲絲鮮美順滑。我最愛的是一同燉煮的豬肚，服務員會將其切片上桌，已燉得軟糯的豬肚亦吸收了高湯的鮮美，每一口都令人滿足。

有次陪泰國朋友去家全七福，菜單安排好了才發現裡面好

幾道菜都與雞肉有關，真是無雞不成宴，而雞肉菜式亦是家全七福一絕。食客在家全七福可以點出一桌豐盛且不重樣的全雞宴。

前面提到的金錢雞有雞肝，雞子戈渣自不必說，還有鳳吞燕亦是去骨整雞入饌。我很喜歡一道雞翅小菜，乃魚翅釀雞翅。酥脆的外皮一口咬下露出絲絲晶瑩的魚翅，魚翅沾著雞肉的鮮香，更顯得美味。這道菜的關鍵在於油溫到位，一炸成型，不然就可能出現封口破裂，導致失敗。此菜亦可做成燕窩的版本[3]，是中環名人坊的招牌菜之一。

此處的著名雞肉菜還有鹽焗雞和脆皮炸子雞。家全七福的炸子雞用的是著名的龍崗走地雞，選二至三斤中的足齡雞，要肉質厚實，皮脂適中，成菜後方能皮脆肉嫩。雖然我最愛澳門勝哥私房菜的炸子雞，但香港家全七福的版本是公開營業的食肆中數一數二的。

一九八九年，福臨門去東京開分店，結果發現在日本找不到符合炸子雞要求的帶骨走地雞。於是七哥大膽提出了要在日本養殖符合要求的龍崗雞的想法。幸有貴人牽線搭橋，七哥與茨城縣開雞場的二宮先生一拍即合，將龍崗雞引入日本，從此日本分店亦可供應招牌炸子雞了。直到如今雖然二宮先生已過世，但雞場與家全七福的合作依然繼續。

說起貴人相助，七哥的餐廳經營生涯大起大落，其中很多難關都是貴人幫忙渡過的。剛才提到當年福臨門開設東京分店，就是合夥人森一先生全力促成的。當時徐維鈞覺得在日本開分店成本太高，沒想到森一先生不需要他出一分錢，獨力籌集了全部資金，此乃大貴人也。

福臨門做到燴生意，各路熟客都是貴人，這其中不乏有給予徐維鈞極大幫助者。

七哥十四歲時，因學習成績差，還一度在高主教書院小學留過級，被父親要求放棄學業，入廚當學徒。當年父親徐福全的到燴生意做得如火如荼，結果自己辛苦培養的助手被同行挖角，他想教人不如教自己兒子。既然小兒子不是讀書材料，便不如學門手藝。

從此以後七哥每日一早與父親去中環高陞酒樓飲茶，隨後赴中環街市買貨。後來高陞酒樓結業，父子倆便轉到蓮香樓飲茶，但每日的流程風雨不改。在跟父親每日的買貨過程中，七哥習得了一身挑食材的好本事。菜好不好廚師功夫重要，食材更關鍵，這便是七哥跟隨父親打下的童子功。

按理說「太子爺」學藝該比學徒來得輕鬆舒適，但事實上七哥一路面對的是他人的冷嘲熱諷和夥計的排擠，許多人認為他是讀書不成才來做這工作的。當年在恒生銀行博愛堂做主廚的李才亦對他說：「有書不讀做廚房仔，真無出息。」幸而七哥能忍氣吞聲，別的不說，先偷學了幾招李才做蛇羹的手法。畢竟李才是江太史的最後一任家廚，最是懂得蛇羹的妙法，這亦為後來的家全七福貢獻了一道冬季的招牌菜式——菊花燴蛇羹。家全七福的蛇羹改刀細緻，用料到位，一看便是太史派的功夫，而高湯熬製得鮮美，蛇羹自然亦鮮味十足。

當年，七哥對於自己究竟可以習得多少父親的真本事亦無把握，只能兢兢業業地學。學廚六年後，父親聽算命先生說六十歲一定要金盆洗手，不然有大劫難。福臨門到燴的整副擔

子一下子落到了年僅二十歲的七哥肩上，讓七哥措手不及；屋漏偏逢連夜雨，徐福全金盆洗手三個月後，包括師傅、樓面在內的十幾個夥計集體離開自立門戶，與福臨門唱起了對台。之前福臨門的一眾熟客也被他們搶去，徐福全內心淒涼，七哥只能硬著頭皮收拾這副爛攤子。

他第一次挑大樑做到燴是去屈書香家中，屈書香是香港著名才子黃霑的姐夫，當年經營洋紙生意，是城中出了名的富豪老饕。徐維鈞至今都還記得當晚的菜譜：生雞絲大散翅、二十四頭日本禾麻鮑、炸子雞、燒雲腿大地田雞片、炒七日鮮[4]球和冬瓜盅等。一餐飯好似一場仗，只能贏不能輸。散席時，屈書香拍了拍七哥肩膀說：「太子，你係得嘅！」七哥一顆懸著的心才放下。從此之後，七哥逐漸對自己的廚藝有了信心，一些老主顧聽屈書香誇獎他的手藝後，亦紛紛重回福臨門的懷抱。時至今日，七哥都將屈書香先生視為自己的大恩人。

之前提到的菜式多是食材矜貴，耗費功夫的大菜。食客不必擔心，家全七福還有許多簡單美味的菜式。比如火候到位的蒸鮮魚，廚師做的只是把控好火候和恰到好處的調味，讓食材本身說話。簡單的綠葉蔬菜，用上湯一煮鮮美無比，軟嫩適中。本無用處的夏日厚柚皮在這裡成為了招牌菜之一蝦籽柚皮，這便是通過廚藝讓樸素食材放光芒的道理。

家全七福一部分菜式隨著時令轉換，比如蝦籽柚皮僅在夏日供應，以應季新鮮柚皮入饌。冬日裡便有蝦籽冬筍、羊腩煲、菊花燴蛇羹等時令菜，食客每一季度來都可有不同的季節菜式品嚐。

上 | 蝦子柚皮

下 | 懷舊芝麻卷

粵菜講究鑊氣，家全七福有許多美味的快炒菜。味菜或者冬筍炒水魚絲也好，豉椒鮮鮑片也罷，都是鑊氣十足，和味鮮美，令人食指大動。

至於午市過來，則可飲茶，有諸多點心可選。我不喜歡這裡的蝦餃，但其他點心卻都可圈可點。叉燒酥、家鄉鹹水角、香芋鴨腳紮和欖仁馬拉糕都十分美味，與家人朋友簡單茶敘，吃些點心，再來一碗濃郁香甜的核桃露收尾，是再好不過了。我最不愛中餐廳做太多西式甜品，如此多優秀的中式甜品不好好發掘，何苦弄些不倫不類的？家全七福的杏仁茶、萍葉果、懷舊芝麻卷、紅豆沙、核桃酥和核桃露等等都甚得我意，即便吃得再飽，最後還是要來一份。

七哥在六十三歲時再度遭遇「兵變」，相對於夥計叛變，這次是兄弟爭產，家族分家，更添了一絲淒涼和無奈。六十多歲重新出征，無疑是一場豪賭。開辦家全七福是為了將父親教授的手藝傳承下去，讓跟隨他的師傅與夥計有安身立命之處，讓多年的熟客有熟悉的味道可尋。

為何餐廳取名為家全七福？七哥在自傳《鹹酸苦辣甜》中說：「我是父親徐福全的家教教出來的，在家裡我又是排第七，所以，我就想出『家全七福』這個名字來。」短短幾年間，小小的初衷到如今已生根發芽，重新長成一株大樹。家全七福已經成為一塊金字招牌，名氣與口碑甚至超過舊寶號福臨門。於我個人而言，自然更偏愛家全七福，食物素質上的差別已不用多說，這便是用心與否的體現。

隨著時代變遷，當年的風流雅士如今多已作古。潮流變

換，魚翅撈飯的歲月已成過往，每個時代都有自己的味覺回憶。驀然回首，多少經典粵菜都在經濟騰飛的年代逐漸淡出人們的視線。功夫菜費時費力，對材料要求又極高，快節奏的年輕城市一族追求的是新鮮刺激。即便是香港的粵菜館亦不乏做起快手菜、融合菜的，在這浮躁的時代中，更顯出堅持傳統粵菜之餐廳的珍貴。我是一名外鄉客，尚且如此鍾愛家全七福；更無須說本港出生長大者，也許在這裡可回望過去，重溫記憶中的美味佳肴。

註

1. 寫於二〇一八年十月底及二〇一九年一月；基於多次拜訪；定稿前一次拜訪於二〇一九年一月。
2. 玫瑰露酒是一種由高粱酒配以玫瑰花瓣、糯米及冰糖釀製而成的花果露酒精類飲品。
3. 家全七福亦可做燕窩版本。
4. 七日鮮即東方寬箬鰨，為一種比目魚。

老店回魂之路 [1]

嘉麟樓

香港有眾多歷史悠久的餐廳，經歷大浪淘沙而倖存者都是有些本領的。

　　某次帶著來港出差的朋友去半島的吉地士法餐廳吃飯，進電梯時朋友說，這電梯如此老舊，估計酒店有些年頭了，房費是不是很便宜？這屬於想當然的邏輯了，我們現在一切都追求新穎時髦，而真正值得玩味的，難道不是歲月積澱而成的經典嗎？

　　香港半島酒店自一九二八年十二月開業以來一直是亞洲標誌性的酒店之一，被譽為蘇伊士運河以東最豪華的酒店之一。自十九世紀九十年代起，酒店背後的香港上海大酒店有限公司就由猶太家族嘉道理（Kadoorie）控制。之所以名為「香港上海大酒店有限公司」是因為當年香港有間高級酒店名為「香港大酒店」，位於畢打街，開業於一八六八年，乃當時香

港最有名的高級酒店之一。嘉道理家族控股香港大酒店後，於一九二二年又併購了上海大酒店，這是現在香港上海大酒店有限公司的源頭。

一九二六年香港大酒店曾發生火災，之後於一九五二年結業，舊址變成了現在的告羅士打大廈。其後位於梳士巴利道的半島酒店就成為了集團的標誌性品牌，並逐漸成為世界著名的連鎖高級酒店品牌。有趣的是當年半島酒店開業時，樓高七層，乃香港最高的建築物；且半島酒店正對維多利亞港，是名副其實的海景酒店。後來填海造地，高樓大廈拔地而起，半島酒店便顯得矮小了。一九九四年三十層樓的新翼落成，才形成了我們現在熟悉的酒店結構。

在近一百年的歷史中，半島酒店見證了香港的榮辱興衰和社會變遷。傾城時期，半島酒店被佔為日軍的戰爭司令部，還充當過幾個月的偽總督府，並被改名為「東亞酒店」，直到香港重光方復牌。六七十年代香港經濟騰飛的時候，半島酒店大堂茶座是富裕市民和電影明星熱衷的下午茶場所，普通食客和明星均在此處渡過悠閒時光，那是香港市民社會大發展的好年代。入住過半島酒店的名人不勝枚舉，克拉克·蓋伯（William Clark Gable）、伊莉莎白·泰勒（Elizabeth Taylor）、英女皇伊莉莎白二世（Queen Elizabeth II）和理查德·尼克鬆（Richard Nixon）等等都曾在此下榻。這是一處充滿歷史與回憶的場所，在歷史建築活化成為潮流的今日，半島酒店是香港為數不多運營至今的一級歷史建築，屬於活化石。

本世紀初半島的餐飲還吸引過一些國際目光，「世界 50 最

佳餐廳」（The World's 50 Best Restaurants）榜單剛推出的時候，半島酒店二十八樓的 Felix 曾連續四年（2002-2005）名列其中。可最近十來年，半島酒店的餐飲似乎做得暮氣沉沉，並不是本地食圈的寵兒。酒店裡生意最火爆的依舊是大堂吧的下午茶，屬於遊客打卡勝地。

來香港工作居住前，便知道半島酒店嘉麟樓出品一款迷你奶黃月餅，價高量少，每年都要搶購。但當時以為「嘉麟樓」三字乃此款月餅之品牌名，並不瞭解原來是酒店中的餐廳名字。

嘉麟樓於一九八六年開業，屬於香港餐廳裡比較中生代的一家。餐廳裝修走的是中式復古風格，第一次去以為自己走入了舊時候某個大戶人家的宅子。木結構為主的內裝散發著幽光，扶手梯蜿蜒，桌椅散佈，木地板透出歲月的倒影，給人一種優雅之感。但似乎嘉麟樓的賣點一直是其內裝，以及每年中秋期間推出的迷你奶黃月餅，菜品上則似乎沒有太多人讚揚。

一切的改變發生在原福臨門灣仔店大廚梁燊龍過檔之後。二〇一六年六月梁師傅正式加入嘉麟樓，隨後餐廳菜單上發生了大調整。加之梁師傅在福臨門時就積攢了不少人氣，老主顧中不乏劉鑾雄這樣的本地富豪名人，嘉麟樓在城中的口碑一下子好了起來。經過多年的等待，嘉麟樓在二〇一七年獲得米其林一星，並保持至今。而福臨門經歷分家風波、主廚退休、頭廚跳槽等變動後，失去了維持多年的一星，也失去了不少幫襯多年的老主顧。餐飲界浮浮沉沉，世事難料，無論多有名的餐廳，也要日日盡心盡力，方能維持鋒芒。

在梁師傅過檔前幾個月我首次拜訪嘉麟樓，與朋友喝早

茶，主要吃的是點心，叫了灌湯餃、XO 醬炒腸粉、灌湯包、蝦餃、蔬菜粉果、棗泥糕等；菜品只嘗試了焗釀蟹蓋、大鮑片配海蜇、炸蟹鉗和上湯豆苗。開席的琥珀核桃十分好吃，甜度適口，外潤裡脆，糖液也沒有似別家般黏連在一起。後來知道半島酒店的琥珀核桃還有單獨售賣的，於是經常買來送給外國朋友當手信。

至於點心和菜品則中規中矩，印象最深的是大鮑片配海蜇，海蜇爽脆，鮑魚軟嫩，香氣鮮味都很突出；當然印象深刻也是因為這道菜定價上千。這裡的灌湯餃也早已脫了形，和別處一樣成了泡湯餃，這是通病。雖然屬於菜品的歷史演化，但顯然是偷工減料的懶惰演變。整餐下來覺得水準尚可，偶爾來吃倒也無妨。

不知不覺大半年未再訪，直到二〇一六年年底獲悉嘉麟樓升為米其林一星，正好家人週末來港，於是訂了位置再去。入座後發現菜單結構和菜品風格有所改變，才知道原來梁燊龍師傅已經入主嘉麟樓半年了，坊間流傳米其林星隨廚師走，倒也算空穴來風，有些樣本證據。

當天點的都是經典的菜式，比如鮑魚酥、大鮑片配海蜇、脆皮炸子雞和清蒸東星斑，這些菜看材料，談火候，也講手勢，看似簡單，實則考驗廚房功夫。一餐下來，大家都十分滿意，於是對嘉麟樓的印象較之前更好了。

這兩年嘉麟樓的口碑漸漸好了起來，名人食客也漸次多了。菜單上出現一些以前福臨門及家全七福才有的老菜，比如金錢雞、太史戈渣、梅子鵝、五蛇羹和鷓鴣粥等等。這些懷舊

廚房

菜讓嘉麟樓的菜單逐漸豐滿了起來，亦更符合半島酒店的風格和定位了。

　　酒店餐飲優勢在於成本盈利核算可從全域考慮，相較獨立餐廳更有財務支持和保障；劣勢則在於主廚的發揮受到酒店整體定位的限制，自由度不及獨立經營的高。比如半島酒店自二〇一二年起為回應環保已不再提供魚翅菜，主廚便要從自己擅長的菜式中刨去魚翅菜，炒桂花翅改良成了桂花炒蝦絲，倒也贏得食客讚譽。再比如半島酒店為塑造環保形象，海鮮優先選購養殖品種，減少對野生漁獲的消耗，要在嘉麟樓吃到各式野生魚也是無計可施。再比如考慮到酒店外國客人眾多，因此炸子雞需要去掉大骨，以防客人不慣。這是主廚受制於酒店的例子。

中餐廚師向來不是單打獨鬥，分工體系細緻，廚房團隊龐大，許多主廚可能更習慣在條條框框中工作。這也是為何中餐合理的創造較西餐缺乏，一提創造，很多廚師就慌了陣腳，發明些奇奇怪怪的菜，這是長期思維定式的原因。於食客而言，中餐廚師傳承好基本功再做改良和創新才是好事情。

　　梁燊龍師傅屬於基本功十分踏實、低調而善於思考的中餐廚師。他在老菜譜的基礎上常有自己的思考和改良，但呈現出來的菜品都符合粵菜的框架。

　　若想更好地體驗梁師傅的烹飪藝術，可以預訂主廚餐桌。這是嘉麟樓最近兩年推出的項目，主廚餐桌有不同價位和人數的選擇，梁師傅會根據客人需求安排菜單，從寫菜單到烹飪全程親自服務，是體驗他烹飪手法最直接全面的途徑。

　　之前與朋友預訂了梁師傅的六道菜主廚餐桌晚餐，體驗很不錯，且菜單編排得十分用心，配茶配酒均得章法。菜式尊崇傳統，又不拘泥舊式。比如玉簪東星斑卷，脫胎於玉簪田雞腿，梁師傅將東星斑去骨切片，展開後存中間一縷魚皮，卷成型後上鍋蒸製，再勾上湯芡。玉簪田雞腿是炒製的菜，這道東星斑卷則是蒸製，魚肉雪白，魚皮如玉帶繞體耀眼美觀；一嚐，魚肉嫩滑，芡汁適中，令人滿意。

　　我最喜歡當晚的高湯蛋白燕窩石榴球，這道菜外形十分美觀，常人用澄粉做石榴球，無甚稀奇，在家亦可製作成功。但梁師傅的石榴球是用蛋白皮，皮薄而勻稱，上方以菜莖綁繫，飽滿而不破，技巧嫻熟。一入口，發現裡面的燕窩已充分吸收高湯，鮮甜滋潤，十分美味。

上｜玉簪東星斑卷

下｜高湯蛋白燕窩石榴球

　　在食材的選擇上，梁師傅也有些自己的想法。他十八歲移民德國，在一家中餐廳打雜，雙手接觸過無數食材；回港後於一九九五年加入福臨門，福臨門以燕鮑翅肚聞名，梁師傅在此常年與高級食材打交道，自然熟悉了每一樣食材的特點和產地分佈。

　　比如他選用了高級食肆不屑使用的中東乾鮑，其坦言中東乾鮑價格低於日本乾鮑許多，但質素並不顯差。品嚐了一下，鮑味較濃，不過溏心不足。如今優質食材越來越少見，如何挖掘替代食材亦是主廚們需要思考的課題。畢竟如今認為吉品鮑優質，可在「特級校對」陳夢因寫《食經》的年代，窩麻鮑才

是上品，吉品鮑乃其不屑之物。

除了品嚐菜品，主廚餐桌還安排食客參觀嘉麟樓餐廳的廚房，部分菜品主廚在席前製作，是瞭解梁師傅手法和嘉麟樓臺前幕後細節的好機會。

一餐飯下來菜品美味，體驗完整，嘉麟樓這幾年回魂確實少不了梁師傅的出力。香港有眾多歷史悠久的餐廳，經歷大浪淘沙而倖存者都是有些本領的。但老店如何傳承和維持活力是一大難題，常聽人感歎今不如古，說的便是老店在傳承上的缺憾。酒店餐廳由集團支持，常可進行改造和人事上的變動。而獨立食肆就比較困難，因此老店如何回魂並不能一刀切回答，很多時候均乃無解之題。

註

1. 寫於二〇一九年三月二十四至三十日；基於多次拜訪；寫作前一次拜訪於二〇一九年一月。目前半島酒店中餐廳主廚為林鈺明，梁燦龍跳槽去了香格里拉集團。

麗晶軒之後[1]

欣圖軒

只要懂得如何點菜，便可在這裡一探三十餘年來麗晶軒的積澱。

　　二十年代在廣州有「四大酒家」之說，取的是城中風頭最盛、口碑最好的四家高級食肆，乃西苑、南園、文苑和大三元。其中大三元美名遠揚，在港澳一帶亦負盛名。其開業於一八九五年，經過數年經營，口碑日佳，名氣遠播，達到鼎盛。

　　一九一九年廣州大三元酒家的股東之一吳頌沂在香港油麻地新填地街九十二號開設了香港大三元酒家，在當時乃城中著名酒樓之一。三十年代大三元酒家搬至灣仔軒尼詩道與堅拿道，如今還記得大三元的人大抵都是記得灣仔這一位置。一九七七年上映的港產片《狐蝠》中有一段著名的追車戲，是

在灣仔一帶拍攝的，裡面便有一掃而過的大三元酒家影像。

七十年代中，香港大三元酒家由於樓面過於老舊，被劃入拆遷重建範圍，無法再經營堂食，遂轉為糕餅加工，香港大三元酒家從此名存實亡。再後來香港的大三元幾經易手，目前僅以「港三元」品牌生產些廣式糕點，香港大三元早已徹底成為歷史名詞了。

廣州的大三元亦逐步衰敗，一九九九年因常年虧損終至結業。至此粵港大三元酒家皆走進歷史，成為絕響。今日並非要詳談大三元，而是因其對香港粵菜廚師的培養起到了至關重要的作用。如今活躍在粵菜舞臺上的不少名廚都乃香港大三元出身，例如陳恩德（1960- ）和劉耀輝。

世人說起陳恩德，想到的一定是龍景軒，其實他在二〇〇二年加入香港四季酒店前已在麗晶軒工作了十五年之久。他是麗晶軒改名「欣圖軒」前的主廚，四季酒店返聘他時，陳恩德因妻子離世，女兒尚幼，已退休歸隱在家。而劉耀輝是欣圖軒現任主廚，當年他和陳恩德、張錦全同為麗晶軒創始團隊成員。

香港洲際酒店前身是著名的麗晶酒店[2]，開業於一九七九年。早年間，麗晶酒店原址為藍煙囪貨倉碼頭，隨著九龍倉碼頭改建及九廣鐵路總站遷往紅磡，藍煙囪貨倉碼頭的實用價值降低。一九七一年太古洋行將其售予新世界發展，並逐漸建成新世界中心和麗晶酒店。

麗晶酒店建成後，之前半島酒店擁有的無敵海景被其獨享。全景式的維多利亞港海景，配以夜晚中環至銅鑼灣一帶絢爛的燈光，吸引一眾旅客選擇麗晶酒店作為下榻地。當年的麗

晶酒店是香港首屈一指的豪華去處，當中的餐飲自然也要跟上。

　　一九八四年中餐廳麗晶軒開業，裝修風格以湖水綠為主，所有的餐具都鑲嵌有翡翠玉石，十分雅致。負責餐廳籌備開張的是張錦全師傅，而劉耀輝和陳恩德師傅彼時也已在麗晶酒店工作。麗晶軒甫一開業，便成為香港熱門的餐廳，各路名流光顧，外國名人來港亦常在此用餐。一九九三至一九九四年連續兩年間，麗晶軒都被當時的《國際先驅論壇報》[3]評為「全球十大最佳食府」，當時的主廚張錦全亦在國際上代表中餐與其他菜系名廚錄製過一套《世界名廚》影碟。這些輝煌時刻如今只存在於回憶中了，問香港的年輕一代麗晶軒為何物，恐多已陌生。

　　一九九三年劉耀輝師傅通過技術移民去了加拿大，在溫哥華開始了自己的異國廚師生涯。這一段海外經歷對他的烹飪理念產生了極大的影響，也奠定了日後欣圖軒粵菜為本、包羅萬象的烹飪風格的基礎。一九九九年張錦全師傅下海獨立開店；二〇〇〇年陳恩德師傅因為妻子亡故，辭職退休照顧尚未成年的女兒。麗晶軒的廚房瞬間少了領頭羊，幸好劉耀輝師傅回港接過了麗晶軒的主廚職位，可謂是臨危受命。

　　二〇〇一年新世界集團為渡過財務困難將麗晶酒店物業全數售出給巴斯酒店集團[4]，洲際酒店不僅擁有麗晶酒店物業，亦全面接管日常運營，從此麗晶酒店更名為「洲際酒店」。既然已無麗晶酒店，中餐廳自然不可再叫麗晶軒，於是乎欣圖軒便誕生了。對於這一名字，劉耀輝師傅解釋說，是取「品嚐美食之感如欣賞圖畫般美妙」之意。洲際酒店位置好，從欣圖軒的落地窗望出去，便是一幅海景長卷，入夜後更是美妙。以此

而言，欣圖軒亦是一個貼切的名稱了。

開業二十週年的時候，店內的裝修經過翻新，雖然在湖水綠的基礎上添加了金色主調，洗去了一些麗晶軒的印記，卻保留了素淨雅致的氣質。那一套翠玉餐具自然是保留了下來，過去與未來是一脈相承的。麗晶軒之後的故事便這樣拉開了序幕。

我們這些晚輩開始到處尋求美食的時候，麗晶軒早已成為歷史名詞，因此無法將現在的欣圖軒與當年的麗晶軒相對比。如今的欣圖軒是二〇一三年再次裝修後的樣子，與三十多年前的麗晶軒在外表上亦大不相同了。不過玉石主題依舊保留，餐廳將這裝修風格形容為「玉石珠寶盒」，而粵菜藝術便是這盒內收藏的寶物。

雖然二〇〇三年張錦全師傅[5]回歸了欣圖軒，但自二〇〇〇年起欣圖軒的主廚一直是劉耀輝師傅。在劉師傅的帶領下，欣圖軒銳意創新，海納百川，除了立家之本的粵菜，亦吸收了其他主要菜系的一些名品，比如片皮鴨、富貴雞等等；在保留傳統技法的同時，兼收並蓄，融入了一些新的烹飪手法。雖則有彈有讚，但亦不妨一試。

二〇〇八年港澳米其林發佈第一本《米其林指南》，陳恩德師傅帶領龍景軒拿下中餐第一個三星榮耀，欣圖軒卻顆粒無收。在二〇一〇年發佈的指南中，欣圖軒終於獲得一星，而自二〇一五年起一直保持著米其林二星的評價。相較龍景軒，欣圖軒是穩紮穩打而非一夜成名的，對比兩者在食客中的口碑亦可看出發展路徑之區別。

我去欣圖軒喝早茶吃午餐的次數多過晚餐，只因其各式點

心做得出色。雖不是傳統風格，卻亦都改良得符合章法，整體品質上乘。傳統點心如蝦餃、粉果一類做得不差，但並不十分出彩。有一次蝦餃餡料太乾，毫無潤口感，屬於失敗之作。出彩的反而是稍有創新的幾道點心。

招牌的自然是龍帶玉梨香了。這道點心是當年麗晶軒開幕時的創新之作，沒想到一舉成名，成了香港粵菜中的名菜。陳恩德師傅還將此菜帶去了龍景軒。

所謂龍帶玉梨香，龍是指蝦肉做的百花餡，帶就是指扇貝，廣東人稱為「帶子」，而玉梨是香氣較重的啤梨。做法是用帶子、百花餡（蝦膠）和啤梨疊加成一圓球；帶子與啤梨由百花餡連接，帶子上方貼小片火腿與香菜葉；之後敷薄粉油炸而成。看似簡單的一道菜卻暗藏玄機，三種食材比例要準確，油炸的溫度和時間都不能有差池，每一個步驟都到位方能軟嫩脆爽兼顧、梨香撲鼻和毫無油膩感。某次在龍景軒點這個菜，吃到腥氣頗重的扇貝，十分倒胃口。

還有我每次必點的原雙鮑魚海鮮脆芋盒，結合了鮑魚酥和脆芋盒兩樣點心的特點。芋盒或者叫芋角是傳統的廣式點心，其以芋蓉做皮，包以各式餡料後下鍋油炸，至外皮酥化形如蜂巢即成。但這一點心聽似簡單做起來卻繁雜，因此很多店已不製作。欣圖軒的芋角炸得好，表皮酥化到位，內部用料考究，以鮮蝦肉及帶子為主，一入口鮮味十足。上方的鮑魚軟嫩，配以少許鮮美鮑汁令芋角的美味得到進一步提升。這是欣圖軒點心單子上的明星菜品。

吃蝦餃不如點海鮮脆春卷，炸得酥脆的春卷裡面是鮮嫩的

龍帶玉梨香

蝦肉。欣圖軒的這個春卷風格頗有些日本人愛吃的中華料理特色，不屬於中國傳統春卷的制式，但味道上是美味可口的。極品三式海鮮餃和星斑海鮮金魚餃之類則大同小異，只不過餡料和造型上做了些改變，每次只點其中一款即可，無甚樂趣。

有幾年的生日月我特意去欣圖軒吃他們的萬壽蟠桃包，因為造型可愛味道也不錯。我是不太喜歡乾冰擺盤的，但蟠桃包配上乾冰倒真有些仙境意味，而且過生日自然要喜慶，此時的乾冰倒也不惹人厭了。

吃點心自然要喝茶，欣圖軒在選茶方面亦做了不少功夫。可選的茗茶眾多，有單獨一個小冊子，茶藝師吳志良亦會給出一些他的建議。不過我去餐廳吃飯多選香片，因此在欣圖軒也常喝貢珠香片或鳳凰桂花香。這裡的鳳凰桂花香，味道雅致，兼有去油膩之效，若是吃如片皮鴨之類的大菜，配一點這個茶正好解膩。

欣圖軒的菜單選擇繁多，點心只佔其中很小一部分。正餐菜單中既有傳統粵菜，亦有創新菜式，且兼顧了一些其他菜系的名菜，可以較好地滿足各路客人的需求。比如片皮鴨和富貴雞，一個是北京菜，一個是蘇浙菜，但欣圖軒都信心十足地將它們放在菜單的前幾頁，且這兩個菜都是至少提前一天預訂。

龍帶玉梨香做得好，自然百花餡亦優良。這裡的百花蟹鉗便做得非常好吃，形狀飽滿美觀，外皮酥脆毫不油膩。一口咬下去，百花餡香氣撲鼻，鮮嫩可口，百花餡主理得鬆軟潤口，不似很多地方是一塊死死的蝦糕。

諸如炒桂花翅和冬瓜盅之類的傳統粵菜，欣圖軒亦做得十

上｜百花蟹鉗
下｜原隻鮑魚海鮮脆芋盒

分到位。冬瓜盅用料講究，做工細膩，高湯鮮美，是夏季才有的季節菜品。而蒸海魚、白灼基圍蝦之類的主吃食材的菜品，欣圖軒便讓食材說話，並不胡亂添加烹飪元素，僅僅掌控好火候和處理時間而已。

這裡的臘味煲仔飯亦美味，米選的精良，臘味優質，一開鍋香氣已經撲面而來。米粒軟硬適中，浸潤在薄薄臘味油脂中，吃到最後連鍋巴也不肯放過。

不過這裡的蛇羹雖亦是季節限定，但我並不喜歡。一是改刀太粗，食材不能充分融入其中；二是各種配料都喧賓奪主，過量的薑絲把高湯的鮮美都給遮蓋了，吃完後只回憶起濃濃的薑辣味。

非粵菜菜譜中，富貴雞做得十分美味，方法上雖也有改良，卻是合情合理，效果也令人驚喜。他們用的是一點八公斤的三黃雞，雞肉經過醃製入味，腹內塞入陳年草菇[6]和用玫瑰露酒浸透的大頭菜。然後用荷葉包裹，外敷塘泥，荷葉與泥之間隔有一層鋁箔紙。最後進爐焗烤五小時方成，是一道功夫菜。

上桌時服務員以繡著一隻金色公雞的紅布蓋住富貴雞，照例由賓客敲擊第一下。隨後服務員迅速敲開泥土，掀起鋁箔紙，揭開荷葉，瞬間熱氣升騰，香氣四溢，令人垂涎欲滴。欣圖軒的富貴雞肉質細膩軟嫩，吸進了配菜和高湯的鮮味，透著淡淡的荷葉氣息，即便以浙菜標準來看亦是上乘之作。

不過他們的片皮鴨就值得商榷了。雖然英文名亦寫著 Peking Duck，實際上已是徹底改良了。他們選的鴨子較大，是

我見過最大的烤鴨之一，價格亦是我吃過最貴的。開頭幾步如吹氣、風乾、刷糖水等等，均與北京烤鴨無異，唯最後烤製的過程卻大相徑庭。

北京烤鴨是全然掛爐烤出來的，燜爐亦或明爐，都是名副其實的烤。欣圖軒的版本則融入了廣式脆皮雞的做法，鴨子烤至一定程度後取出，用淋油法將表皮炸脆。這一做法雖可保證鴨皮酥脆，卻失去了鴨皮下方油脂高溫烤製後的香氣。而且由於採用淋油法，僅有最外層的薄薄一張皮可吃，皮下脂肪全數刮去，口感上亦十分單薄。由於淋油法無法讓鴨肉全熟，因此鴨肉需要二度加工成鴨鬆方可食用。

這一片皮鴨自然已不是北京烤鴨，甚至不算烤鴨了。即便不論門派，我亦覺得不解。片皮鴨並不是單純只為吃皮，鴨肉嫩滑多汁亦是一大食趣，如此一弄何不直接取下鴨皮做個燈影鴨皮？另外，配醬也給了太多奇怪選擇，例如柚子肉和紅椒絲，與鴨皮搭配不如簡單的白砂糖來得好；而紅椒絲竟然很辣，一入口差點沒吐出來。最後整隻鴨子的肉全數做成鴨鬆，吃得我們兩人大眼瞪小眼，分量實在太大。北京烤鴨兩吃的重頭戲永遠改在第一吃，第二吃乃是不浪費食材，起到錦上添花之效，如今卻將鴨肉全數留到了第二吃，何不直接加個新菜叫菜包鴨鬆呢？

還有一味花雕豉油雞也令人失望，勾芡太重，酒味甜味過分突出，吃上去甜滋滋滑溜溜，五味不和。整個菜在豉油雞的基礎上加了花雕芡汁，頗有點刻意迎合日本食客口味之嫌疑。

如此一本厚實的菜單，總會有高有低，有得有失。依拜訪

北京片皮鴨

的經驗來看，欣圖軒的菜品整體還是在水準之上的。雖不知當年麗晶軒模樣，卻亦可在時代變遷中，品得麗晶軒之後的欣圖軒滋味。

　　香港地租高昂，人力成本亦高，經營高級餐飲非常艱難，因此很多高級餐廳均為酒店餐廳，縱觀全球，這是比較獨特的產業特點。欣圖軒亦是一眾著名酒店食肆中盛名在外的一家。正因有酒店的支持，這些餐廳方可有恃無恐地將自己的理念落實到極致。大酒店集團下的餐廳，有雄厚的集團資金支持，卻亦受到酒店餐廳受眾的限制。欣圖軒現在的樣子未必全然是主廚的主意，一些所謂創意菜品亦看得出是為了迎合消費群體所為。但只要懂得如何點菜，便可在這裡一探三十餘年來麗晶軒

的積澱。

時光輪轉，在麗晶軒改名為欣圖軒二十年後的二〇二〇年，香港洲際酒店將開始大規模翻修，重新開業後，麗晶酒店將重登歷史舞臺。最近一次去欣圖軒時，發現為配合逐步展開的翻修工程，餐廳入口已換到另一邊了。也許幾年後，當洲際酒店變回麗晶酒店時，麗晶軒亦可能回歸，屆時欣圖軒或將步入歷史？

註

1. 寫於二〇一八年十二月一至五日；基於多次拜訪；寫作前一次拜訪於二〇一八年九月。
2. 麗晶酒店由旅館大亨羅伯特．伯恩與日本東急集團於一九七〇年共同建立，一九九二年被四季酒店集團收購，隨後所有原屬麗晶品牌的酒店專案改以四季酒店品牌經營或管理。因此一九九二年後的香港麗晶酒店在被洲際收購前亦屬四季酒店集團旗下。
3. 二〇〇二年《紐約時報》收購《華盛頓郵報》百分之五十股權後便全資擁有《國際先驅論壇報》。二〇一三年五月其更名為《國際紐約時報》（*International New York Times*）。
4. Bass Hotels and Resorts，為洲際酒店集團前身。
5. 張師傅於二〇〇五年去世。
6. 即乾草菇。

四季酒店中的守望者[1]

龍景軒

酒店的住客形形色色，坊間流傳著諸多故事，這裡好比一個守望台，每個人都有不同的期望。

　　龍景軒的名氣大得很，我有些外國朋友，每次來香港都約我去吃龍景軒。跟他們推薦多少其他中餐廳都難捨龍景軒，尤其是日本友人，龍景軒的點心午餐可說是來港旅遊標配之一。

　　想來想去，名氣的源頭應該是「開天闢地」的所謂全世界第一家米其林三星中餐廳稱號，外加多年來包括「亞洲 50 最佳餐廳」（Asia's 50 Best Restaurants）在內的榜單名氣效應。二〇〇八年底《米其林指南》首次在港澳發佈時（二〇〇九年指南），全港僅有龍景軒獲得三星。它還是全世界第一家米其林三星中餐廳，而且這桂冠一戴就是很多年。雖然新同樂（尖沙

咀店）在二〇一一年指南中獲得三星評價，但次年又降為二星。直到二〇一五年港澳《米其林指南》將澳門新葡京酒店的8餐廳升為三星，龍景軒才不是唯一。至於後來的唐閣（香港本店及上海分店）、譽瓏軒、富臨飯店和新榮記（北京新源南路店）拿三星則是後話了。

一石激起千層浪，彼時香港飲食界對龍景軒獲得米其林三星相當吃驚，媒體上爭議不斷，至於「米其林不懂中餐」的論調則是古已有之了。龍景軒好不好，至今仍爭論不斷。總體而言，「遊客店」三字大概是不虛之評價。

龍景軒的落地大玻璃窗，白天望出去一片藍天白雲，碧浪清波，景色宜人。初訪者一進餐廳多覺得心曠神怡，心情舒暢。年輕人穿得美美的來窗邊拍遊客照，捏著小點心做些可愛姿態，又可在社交媒體上分享自己的美妙生活了。這樣的設定如何能不吸引遊客呢？晚餐時間若訂得早些，還可欣賞碧海落日餘暉，不過餐廳燈光昏暗，拍照便不及白天了。

而且龍景軒的點心相較正餐尚算品質穩定，雖不完全遵照廣東點心章法，但亦算融合有序，不算胡鬧。四季酒店網站定義龍景軒為「新派粵菜食府」倒也貼切，每一樣點心都要弄出些「新」花樣來。

最招牌的大概要屬當年點心部主管麥桂培創製的雪頂叉燒菠蘿包。不過叉燒菠蘿包在麥桂培開的添好運連鎖店也能吃到，雖品質不如龍景軒，但至少唾手可得，勝在性價比。還有一款鮑魚酥，確實是鮑魚酥中的佼佼者，撻皮酥鬆，香氣撲鼻；鮑魚軟糯適口，口齒留香。之前覺得龍景軒的龍太子蒸餃

還不錯，最近去發現做了改動，變成一個巨大的綠色餃子，吃著十分呆板無趣。

以上大概是龍景軒吸引遊客的一些要素，也解釋了為何午餐的預訂難度遠遠高於晚餐。對於見過世面的本地老饕而言，這些因素自然不起作用，時間久了龍景軒就基本成了遊客店。

不服氣龍景軒穩拿三星的人，只能感歎深謀遠慮的四季酒店很會玩這套遊戲，從兩家主打餐廳籌建開始便穩穩押準了米其林的考察點。二〇一〇至二〇一三年四季酒店裡的龍景軒和 Caprice 均獲得米其林三星。後來 Caprice 因「開國元勳」Vincent Thierry 於二〇一三年離職，而於次年降為二星，龍景軒成了孤身一家，直到二〇一九年的指南裡 Caprice 重回三星，香港四季酒店才重新成為世界上少有的擁有雙三星餐廳的酒店。如果把 Global Link 開在四季酒店裡的鮨さいとう（Sushi Saito）香港分店算入，四季酒店裡的餐廳在二〇一九年的港澳《米其林指南》中一共獲得了八顆星。

不同於 Caprice 的三度換帥，龍景軒自二〇〇二年開業以來主廚便一直是陳恩德師傅。陳恩德年幼喪母，十三四歲便開始在當年的香港大三元酒家幫工，做些打雜生活。大三元沒落後，他輾轉在多家餐廳工作，包括當時極富盛名的福臨門。一九八四年尖沙咀麗晶酒店裡的中餐廳麗晶軒開業，陳恩德加入廚師團隊，一步步做到主廚，在麗晶軒渡過了十五年光陰。因此龍景軒有幾個菜式是他當年在麗晶軒創製的，比如龍帶玉梨香便是一道麗晶軒（現為欣圖軒）與龍景軒皆有的菜式。

「德哥」後因妻子過世，離職在家照顧女兒。四季酒店籌

備龍景軒時將他返聘，他才重回廚房，為龍景軒的成功打下了基礎。

我相信陳恩德師傅基本功扎實，但餐廳定位既然是新派粵菜食府，菜式及點心也必然要做些創意革新，不能全然傳統做派。龍景軒的菜式無論是烹飪細節還是呈現方式都多多少少有些新派作風，有些合理，但大部分似乎沒有必要。

正餐前龍景軒都會贈送一客小菜給每位客人，相對於傳統中餐館而言，這不像是涼菜，而頗有點西餐 amuse bouche 的意思。這客小菜不同於一些餐廳附送的鹹菜、花生米或琥珀核桃之類的小吃，是一道踏踏實實的菜，例如上湯牛肉丸、煙熏鵪鶉腿、肉末脆米餅等等。這些菜式大多小巧美味，利於開胃，是一個不錯的環節。

其他一些創意或融合就沒有那麼討人喜歡了。比如叉燒，選得是較瘦的部位，肉質發韌，太過乾柴；上面還淋了一層蜜糖，甜到掉牙，不知道是什麼套路。乳豬件脆度不夠，還帶有淡淡豬皮臭，屬於可以略過不點的水準。

說起蜜糖，又想到冰梅醬脆鱔，厚厚一層甜膩的冰梅醬，也是過甜的一道菜。梅醬搭配較為肥身的鱔魚則應選酸味重些的，結果龍景軒的梅醬雖是酸甜口，但甜味佔主導。即便脆鱔的皮很不錯，但肥膩的肉質配上甜膩梅醬，不想再吃第二口。

市井小菜椒鹽田雞腿，龍景軒配了炸過的小沙丁魚乾，但口味較鹹，和田雞腿不和味。而田雞腿外面一層厚實的麵糊可能炸製溫度不夠高，出品油膩而呆滯，毫無食趣。

據說是福臨門創始人徐福全發明的焗釀蟹蓋，龍景軒做得

十分一般。一勺子下去，濃重的洋蔥味撲鼻而來，蟹肉的鮮甜全然品嚐不到，是配料失衡所致。這道菜的關鍵點之一就是洋蔥的分量要精準，少一分缺乏層次感，多一分就喧賓奪主，令人吃完口腔不適，龍景軒的出品可謂過猶不及。

另一道常見的蟹肉菜——百花炸釀蟹鉗則太過扎實，沒有創造出蓬鬆軟嫩的「空氣感」，導致口感發乾。這一道菜欣圖軒是炸得極好的，相比之下高下立判。

有道也算創意菜的叫梅辣蝦球皇，蝦的個頭很大，擺盤也用了點心思，蝦上面還放了如今爛大街的食用金箔。結果一入口發現蝦肉做老了，咬著費勁，吃著也沒什麼趣味了，枉費了這一番造型的功夫。

這些所謂的創意大概是餐廳管理人的主意，我看陳師傅為超級熟客做的特別菜單，都是十分平實直白的傳統粵菜，是實打實的烹飪說話。但一到了公眾菜單上，便多出這麼沒必要的改動和修飾，令人費解。

讓我吃驚的是龍景軒的蔬菜亦煮得一般。黃湯鎮白蘆筍，用了燉煮六小時方成的濃雞湯，單獨喝雞湯十分鮮美，但配上清爽的白蘆筍，就有點不協調。白蘆筍的鮮甜完全被濃郁的雞湯蓋過，從主角成了存在感極低的配角。

最難吃的是某次點的薑汁芥藍（又稱「芥蘭」），不但沒有什麼薑味，還勾了十分濃郁的芡汁，軟趴趴地黏在芥藍上，看著便倒人胃口。吃了更大聲叫苦，芥藍硬邦邦，芡汁滑溜溜，我們直接停筷，不再去觸碰這道神菜。

至於上湯豆苗這樣的菜只要上湯好，豆苗嫩，火候不要

過，一般都十分美味。龍景軒的出品不功不過，豆苗次次都有些老，一吃便讓人想起天香樓給客人吃完大閘蟹後洗手用的豆苗葉……

坐擁如此美景和聲譽，龍景軒的定價自然不便宜，但有些食材高出市場平均水準太多，而出品卻未必有那些傳統高級食肆來得到位，比如乾鮑便是一例。

龍景軒三十頭的吉品鮑就賣一千五百港幣，稍微大一點便分分鐘往一萬港幣走，屬於性價比極低的菜式。香港有諸多提供燕鮑翅肚的高級食肆，定價上都比龍景軒合理。若以烹製鮑魚聞名的阿翁鮑魚富豪酒家，三十頭吉品鮑不會超過七百港幣；去家全七福則一千五百港幣基本是二十二頭吉品鮑的價格了[2]。龍景軒的乾鮑渠道難道會優於這些傳統名店？而且從實際成品看，烹飪手法亦僅是無功無過，並不比這些名店高明。

不過龍景軒的菜自然不是一無是處，比如潮蓮燒鵝點了很多次，品質穩定，皮脆肉嫩，肥瘦適中，是燒味中較為突出的。魚肉菜式整體做得不錯，清蒸海魚、白灼海蝦之類的自然不會太差，但魚種的選擇受制於酒店餐廳原料採購的限制，並不如傳統酒家食肆來得豐富。

一些其他的魚肉菜亦值得一試。比如豉皇星斑雖然鹹味重了些，但魚肉煎封到位，外表酥脆，裡面的魚肉軟嫩多汁，較為美味。還有鮑魚星斑卷，兩種不同口感的食材結合在一起，鮑魚的香氣與魚肉的香氣交相呼應，口齒留香。

諸如百合澳洲和牛之類的快炒菜，亦算火候到位，鑊氣尚存，入口美味。

上 | 潮蓮燒鵝

下 | 鮑魚星斑卷

主食中的「非同飯響」炒飯亦比較出彩。這道炒飯用 XO 醬，牛肉與米型意麵合炒。做法是傳統快炒，原料上則用米型意麵代替普通米。味道上也做了精密的調整，炒飯的油膩全然不見，香味撲鼻，味道的層次感非常明確。

龍景軒的甜品屬於菜單中較為吸引人的部分。無論是做成楊桃形狀的水晶桃奶黃包，香甜濃郁的杏仁茶湯圓，還是人人都愛點的楊枝甘露，亦或傳統的海帶綠豆沙都做得有模有樣。美味的甜品可以彌補菜品的不慍不火。

不過龍景軒的服務員素質很不錯，察言觀色能力強，比如剛才提到的薑汁芥藍，服務員看我們不再動筷便來詢問是否不合胃口，聽取我們的回饋後，迅速撤走這道菜，並為我們更換了一道蔬菜菜式。

一次去吃週末午餐，餐廳中的花氣味顯著，吸引了好幾隻蟲子在用餐區域飛來飛去，令人大吃一驚。經理連忙組織服務員驅蟲，並多次道歉，還贈送了甜品。我認為高級餐廳需要充分考慮裝飾花可能帶來的負面影響，但至少龍景軒服務團隊懂得亡羊補牢。

龍景軒顯然不是我最喜歡的粵菜館，但每年總要去上一兩次，日積月累便也去了很多次。還記得許多年前第一次去吃午餐時，陽光明媚，懵懵懂懂，可能是我歷次龍景軒體驗中最好的一次。現如今龍景軒與我個人而言並無什麼吸引力，至多陪遠道而來的朋友去拜訪一下，但每次吃完總要發一堆牢騷……

不過無論食客如何看待龍景軒，它依舊是一家名利雙收的

水晶桃奶黃包

成功餐廳，看每日爆滿的預訂便知。香港四季酒店的住客形形色色，坊間流傳著諸多故事，這裡好比一個守望台，每個人都有不同的期望。龍景軒亦是其中的守望者，浮浮沉沉，褒貶不一，卻也屹立不倒這麼多年……

註

1. 於二〇一九年二月基於舊文修改；基於多次拜訪；修改前一次拜訪於二〇一九年一月。
2. 此乃本文寫作時的物價。

九 如 坊 中 [1]

大 班 樓

大班樓從舊菜譜傳統做法出發，用現代科學烹飪理念去重新思考烹飪辦法，力求烹飪的精確性。

九如坊區區一條小巷子裡，聚集了如此多的餐廳，且不乏名店，實在令人好奇為何店家都喜歡選擇這裡。名人坊、RŌNIN、ごでんや（Godenya）等都在此處，順著臺階往上還有遊客莫名癡迷的九記牛腩，天天排著長龍，住在此處的人則笑看這熱鬧場景。

九如坊處在中上環之間，且要行山少許方可到，離兩邊地鐵都遠，開車亦十分不便，天氣一熱常走得人全身濕透。若論位置，並不見佳。而且這巷子在鴨巴甸街岔口，一不小心就錯過，谷歌地圖之類的導航一到了附近就團團轉，初來遊玩的人往往找餐廳都要半天。但大班樓卻也偏偏選擇了這個小巷子。

大班樓的口碑之好令人震驚，即便如福臨門這樣的傳統富豪食堂都有人喜歡有人討厭。但大班樓幾乎有口皆碑，無論是專業廚師，還是普通食客都對他印象甚佳。

作為一家餐廳可以在如此多層面獲得喜愛是十分罕見的。要說大班樓口碑的唯一謎點便是《米其林指南》對它的輕視，除了二○一二年獲得一星之外[2]，其他年份都只是推薦而已。在上海唐閣都獲得三星的年代，為大班樓抱不平的人可謂不少。

坊間傳言大班樓婉拒米其林星級，但此類傳聞真真假假已經聽得太多，因此很難確證。問大班樓的人，他們都笑而不語，頗有「紅塵多可笑」之境界。作為食客我也不好再加追問，不過美味入口即知，是否有星對於我們意義不大。

大班樓開業於二○○九年，據說幕後股東都是低調的美食愛好者和退休廚師。開業未久便吸引了大批名流、食家的注意，現如今，更是聲名遠揚。但時至今日，大班樓的幕後團隊依舊保持十分低調的態度，除了官網上有照片的大廚郭強東，其他股東幾乎從不現身，外界也甚少獲知相關資訊。唯去得多了才認識幕後發揮最大作用的葉先生，才知道許多菜式背後是葉先生操刀。

在廚師社交風生水起的年代，大班樓的廚師團隊低調得不像話，即便如此，它一直位列「亞洲 50 最佳餐廳」榜單。二○一九年更成為第一家躋身「世界 50 最佳餐廳」榜單的中餐館。

葉先生的經歷十分傳奇，既學過廚，亦經營過科技公司，後來在澳大利亞亦有幾間餐廳，二○○九年回港開設大班樓。

他在坎培拉的餐廳 The Chairman & Yip 開業逾二十年,是當地的粵菜名店。葉先生愛吃懂吃,常年寫作飲食專欄,周圍很多朋友都是他的忠實讀者;他儒雅溫和,對餐飲界晚輩照顧有加,是受人尊敬的前輩。

七八十年代香港經濟蓬勃發展,大型酒樓風靡一時。這些酒樓客容量大,出菜有速度要求。廚師們紛紛加入流水線操作,菜品便成了流水線產品,從食材到調味到火候全線崩壞。到了二十一世紀,高級食肆大量興起,開始追求對菜品的精確化烹飪,有些餐廳試圖恢復傳統粵菜的精細度,但發現人才出現一定斷層。葉先生眼看著粵菜的這麼幾次轉變,有感傳統粵菜的衰退,亦希望晚輩可以意識到粵菜的真正精妙之處,於是決定以自己的行動去恢復粵菜本該有的味道。

但若說大班樓是傳統粵菜館,則十分不準確。大班樓的烹飪理念追求的是食材和烹飪的雙到位,一切都講究一個「和」字:食材要好,所謂「雞有雞味,魚有魚味,這是粵菜精髓」說的便是這個;食材的處理、烹飪的火候、調味的協調則是對烹飪的要求。大班樓從舊菜譜傳統做法出發,用現代科學烹飪理念去重新思考烹飪辦法,力求烹飪的精確性。這是現代烹飪內核的古意,而不是盲目遵循所謂的傳統。

一個餐廳有好的理念是前提,但理念付諸實際行動則是另一個層面事情。大班樓便是少有的理念與行動完全一致,且在結果上達到兩者相和的中餐廳之一。

大班樓為了優質食材可謂費了不少功夫。在開店前,據說他們嘗遍了香港及內地可以獲得的各種雞,最後與新界一雞農

達成協議，讓他有機養殖雞隻，不用任何催大劑，餵食天然玉米，由其自然成長。雖然成本顯著提高，但真正獲得了「有雞味」的雞隻。

說到雞肉，十八味豉油雞是初來大班樓的食客必點的菜式。雖說叫「十八味」，但其中用的香料藥材超過二十種，除了大茴香、草果、黨參、當歸等一吃便知的配料外，尚有許多消弭在醬汁中的藥材。若論成本這些香料藥材的價值甚至超過雞本身，但這雞肉吸收了這些配料的精華，藥香撲鼻，雞皮爽滑，肉質軟嫩多汁，鹹中帶甜，透著雞肉該有的鮮味，在各路豉油雞中獨樹一幟。

還有一道香辣乾蔥焗滑雞則與豉油雞的做法截然不同，雞皮炸得脆，但無半點油膩，配上炸得香氣撲鼻的紅蔥碎，以及小蔥末，十分誘人。不過我個人更喜歡豉油雞的滑嫩。

而白切小騙雞則是真正將雞肉原味凸顯出來，簡單的料理手法配以非常克制的蔥薑末，讓雞肉本身成為絕對的主角。雞皮滑潤，雞肉鮮美，是詮釋雞有雞味的最佳範例。

香港雖為海島城市，周圍海域亦有高品質漁獲，但數量極少，與巨大的消費力不匹配。因而多數粵菜餐廳以滿足消費為第一要務，用的幾乎都是進口海鮮，其中又以澳洲及東南亞貨居多。但大班樓力求採用本地優質海鮮，每日清晨便派人去香港仔碼頭攔截歸來的漁船。如果去得晚了其他食肆的人便捷足先登，據說起初大班樓的人是提前拿著現金等在碼頭，漁船一到便向漁民購買最優質的本地海鮮。現在大班樓於鴨脷洲安排了專人採購海鮮，有相熟的漁民，可以比較穩定地買到一些時

白切小騸雞

令漁獲，但數量依舊是極少的。

　　比如獅頭魚，即浙江的梅童，乃石首魚科的一種小魚，頭大如獅，故而得名。這魚原先十分常見，早二十年前可謂稀疏平常。到如今卻日益少見，竟成了精貴的食材。上次去大班樓，正好遇到當日購入的獅頭魚。廚師用酥炸辦法處理，先用青橄欖醃製，後高溫酥炸，撒上些海苔末，整條魚鮮香酥脆至極，而魚肉又不柴不老。一條手掌大小的魚可烹飪至此，除了上佳的原材料配以科學合理的烹飪方法和時間計算，別無他法。

　　再如大班樓的琵琶蝦亦是本地漁獲，用魚米粥慢煮，蝦肉的鮮味被激發，配上一些鹹香的蝦籽，真是鮮美至極。而且肉

質細膩滑嫩，保留了最佳的狀態。大家基本把米湯都喝完，因為實在太鮮美。

琵琶蝦不是日日都有，菜單例牌上的是魚米湯煮大花蝦配酥炸蝦頭。雖然花蝦的肉質不及琵琶蝦鮮嫩，但依舊是一道很值得吃的菜。尤其琵琶蝦蝦頭無法酥炸，花蝦彌補了這一缺憾，可以整蝦吃盡，蝦頭炸得酥脆中透著香氣，我常稱之為「粵菜中的天婦羅蝦頭」。

在大班樓的菜單上見不到一般粵菜館常見的名貴魚類。大班樓堅持只用當日新鮮買入的野生海魚，因此若要吃蒸魚便需詢問當日漁獲情況。這些魚可能只是普通老虎斑、黃腳鱲，但一入口便知野生與養殖的區別。

即便如花蛤、蟶子、蜆子之類常見的貝殼類食材，大班樓也能讓它成為明星菜式。用九層塔配自製辣椒膏炒出的蜆，香辣爽口；用清酒魚湯煮則酒香中透甜；用豆漿同煮則濃郁豐潤，各種做法都有妙處。

他們用二十年的鹹檸蒸蟶子，上桌時便聞到清新的檸檬香。葉先生說，這二十年鹹檸已被我們買盡，市場上很難再覓。這是用一次少一部分的食材，因而平日例牌用的鹹檸往往不是二十年陳的，但亦是有年份的好貨色。

大班樓有一款常被人稱道和議論的招牌菜——雞油花雕蒸花蟹配陳村粉。不要以為這道菜的精華在花蟹本身，在我看來從雞油到花雕至陳村粉都是不可忽略的關鍵點。

大班樓的調味料多數都是自製，只因市場上售賣的規模化產品有諸多缺憾，比如普遍添加的防腐劑。葉先生便與廚房同

魚米粥慢煮蝦籽琵琶蝦球

仁親力親為製作各種調料醬汁，這雞油便是自製醬料之一，其餘還有香茅油、紅油、辣油、茄汁等等。這些醬汁都是按需要製作，保存時間極短，用不完便只能丟棄。

雞油配以花雕將蟹肉蒸得酒香撲鼻，我第一次去大班樓便對這菜念念不忘，幾乎每次都要點。蒸製產生的湯汁吸收了各原料的鮮味，混入細嫩的手工陳村粉，粉皮沾染湯汁，一口吃入滿滿的鮮味和幼滑，不喜歡吃粉的朋友大概也會愛上這個味道。

這道菜有人覺得酒味太重，我卻覺得恰到好處，酒香恰是這菜的生命力所在。唯一缺憾便是花蟹的品質不能次次滿意。季節不同蟹的狀態亦會變化，有時候便嫌肉不夠飽滿，一蒸就

容易偏老。所以現在的策略是先問夥計今日蟹如何，再做打算。

除了醬汁之外，大班樓的一些菜蔬亦是老闆自己的小農場裡自行種植，其餘的則聯繫一些有機小菜農提供。在香港的高級餐廳裡，這樣的供貨模式不算少見，但真正貫徹如一只用好貨的餐廳則並不太多。

大班樓的薑汁芥藍百吃不厭，簡單的調味，僅用薑汁快炒，上桌時保持了鑊氣，芥藍莖軟糯鮮甜又不乏質感，實在一吃難忘。芥藍這一原產中國的普通蔬菜，在粵菜裡有重要地位，乃是家常最愛的菜蔬之一。但內地的粵菜館似乎沒把心思放在芥藍選材上，多數都老硬難忍，苦而無回甘，時常還散發一股泔水味，令人倒胃口。香港粵菜館芥藍普遍講究，但像大班樓薑汁芥藍這般驚豔的，幾乎沒有。

親力親為的還有醃製子薑，每年夏初的嫩薑上市後，大班樓一次性購入一批，在後廚進行醃製。之後子薑過季節，狀態不佳，大班樓便不會以次充好，因此子薑皮蛋這種稀疏平常的菜式在大班樓也受時令限制，一年的分量賣完了便只能等下一年。

與子薑相配的皮蛋更是絕妙，好的皮蛋蛋白有松花紋路，蛋黃糖化，香濃軟滑，沒有鹹味。大班樓的皮蛋符合每一條優質皮蛋的特點，香濃的蛋黃配上鮮甜爽口的子薑，清涼開胃。不知道大班樓是否自行製作皮蛋，據說其鹹鴨蛋是自己醃製的。

皮蛋的發明是一件美好的偶發事件，如果那明朝的鴨子沒有在石灰滷中下蛋，如果鴨子主人沒有注意或未敢食用，那麼「混沌子」的產生至少要再等上很多年。這是題外話了。

說到粵菜總難免令人想到燕鮑翅花膠等名貴食材，這些功

上｜雞油花雕蒸花蟹配陳村粉

下｜子薑皮蛋

夫菜確是粵菜的重要組成部分。但博大精深的粵菜體系中，大部分菜式並不需要用到魚翅、燕窩一類名貴且存在環保爭議的食材。大班樓便是一家無燕翅的酒家，而常去的食客根本不會覺得是缺憾。若要喝湯羹，這裡的老火湯鮮美不輸魚翅羹；若想吃燕窩甜品，吃一口枸杞冰淇淋就忘記那無味的蛋白質了。

大班樓亦不做乾鮑菜式，不過鮮鮑魚是有的，而且非常值得一試。廚師用澳洲青邊鮑入菜，不用燉煮，不用煎烤，而是用煙熏，配以軟嫩多汁的特大冬菇。一上桌看著稀疏平常，入口卻發現煙熏的香氣非常明顯；鮑魚肉質鮮嫩，鮑味十足。

大班樓的菜單很薄，再說下去，怕是每道菜都要被說盡了，這樣有劇透嫌疑，餐牌上的菜還是就此打住。不過九層塔醃漬小番茄配白麵醬甜梨、麻辣豬肚絲豬耳配番石榴等小菜還是要提一下。兩者都是清新開胃的菜式，前者妙在白麵醬與番茄及甜梨的搭配上；後者用了番石榴，味道出乎意料得和稱，在麻辣之外更添一份清新。

眾所周知大班樓有道出名的三蝦炒飯，用的是現剝的鮮蝦、本地蝦乾和蝦膏，再配上芥藍丁，鮮香不油膩，是炒飯中難得的精品。但還有一款不在餐牌上的蟹肉糯米飯[3]，更是精妙。大蒸籠鋪上荷葉，蟹肉與炒製過的糯米、香蔥及其他配料同蒸，實在好吃。蟹肉不老，糯米不爛，質感和味道都恰到好處。糯米飯做得那麼好吃的，除了這道便要數崩牙成的生炒糯米飯了。

有時候去大班樓可能遇上限時的菜式，比如有一次去恰好有清湯牛腩，點了一試，果然「肉有肉味」，部位選擇精準，

上｜蟹肉糯米飯

下｜枸杞冰淇淋

因為供應有限，所以用材和烹飪都甩九記牛腩幾條街。為遊客的時間和耐心感到可惜。

正如低調的幕後股東一般，大班樓的整體服務是克制而有禮的。老夥計們都擅長察言觀色，點單時亦會給出不少建議，但絕不過分逾矩替客人瞎做決定。上菜必有規則，小菜涼菜，熱葷熱素，主食甜品這麼上來。一道道細細品嚐，在最好的狀態下就吃完，這是我十分讚賞的一點。

伙食制熱鬧的是人，寂寞的是菜，是一種徹底為社交考慮而不考慮食物的用餐習慣。大班樓不行分餐制，但是嚴格控制上菜節奏，確保每個菜都在最好狀態下被食客享用，既保留了中餐的用餐習慣，又彌補了伙食制的缺陷。

第一次去大班樓的人，找了半天，才在九如坊的盡頭看到招牌。粉底金字的招牌這麼多年都未見更新，門口因為附近的裝修工程而裝著腳手架[4]，似乎看著有些落寞。

但訂位時你就知道大班樓的人氣有多旺。提起電話想訂過幾天的位置，卻被告知本周客滿，或者你軟磨硬泡，夥計硬是給你擠出一個小時的門口座位，這時你才意識到什麼是大隱隱於市，什麼是一家餐廳的本分。

在這個廚師社交氾濫的年代，希望每間餐廳都可以記得什麼是自己的本分。

註

1. 寫於二〇一七年五月六至七日；基於多次拜訪；修改於二〇一八年十一月。
2. 二〇二一年起，大班樓重獲米其林一星；二〇二一年獲得「亞洲 50 最佳餐廳」第一名、「世界 50 最佳餐廳」第十名，乃中餐廳有史以來最高排名。
3. 此飯目前已在公開餐牌上。
4. 即棚架。

潮汕之家 [1]

尚興潮州飯店、
樂口福酒家、
創發潮州飯店、
金燕島潮州酒樓、
好酒好蔡
好蔡館

潮汕文化是香港文化中不可分割的一部分。而潮汕味覺自然是香港味蕾上那一份不可或缺的記憶。

我們所說的粵菜包括廣府菜、鳳城菜、潮汕菜和客家菜；有些人將鳳城菜歸在廣義的廣府菜裡，不過順德人可能會不同意。在具體聊餐廳時，會發現這四大塊很少統一在一家餐廳中，有些餐廳標榜自己做的是順德菜，有些餐廳則說擅長東江菜式；若是做廣府菜的，籠統一個「粵菜」就足夠了；而潮汕菜最是獨樹一幟，稱自己為潮州菜館。

潮汕是指粵東一帶沿海之所，包括潮州、揭陽和汕頭等地級市，現屬梅州的大埔和豐順兩地，亦屬於潮汕文化圈。潮汕

人與廣府人並非同源，潮汕民系起源中原，後逐漸移民入閩，於唐代開始由福建入粵，從起源和語言文化上來說屬閩南文化圈。外人統稱的潮汕，內部亦有不小的文化差異，海澄饒、潮普惠和潮揭豐三個區域語言和傳統都有不同。

潮汕移民在香港的廣東移民中比例較高，且潮汕人勤勞又團結，香港的名人富豪中，潮汕祖籍的不在少數，比如國學大師饒宗頤；富商李嘉誠、林百欣；著名藝人周華健、鄭秀文和楊千嬅；美食家蔡瀾等都是潮汕人。

所謂菜系概念，至早在晚清才普及開來，彼時多以「幫口」稱之，比如現在偶爾還使用的杭幫菜、魯幫菜、上河幫、下河幫和小河幫[2]等名稱乃舊時遺留。而「菜系」一詞則要晚至六七十年代才開始使用，「八大菜系」這個說法最早出現在一九八〇年六月二十日的《人民日報》[3]上。人為歸納和歷史自發形成總有不匹配處，粵菜內部的分門別類就屬於這種情況。

這一現象在香港尤為明顯，廣東各地移民自開埠以來因不同的歷史機緣湧入香港，隨人而來的自然是一方水土養就的一方習俗。雖是一省之內，風土亦有不同，飲食上的差異說大不大，粵菜整體都追求食物的原味；說小不小，常用食材、首選香料、烹飪手法和飲饌偏好都有所不同。經年累月形成了香港豐富多彩的粵菜圖景。

早在唐代，潮汕烹飪的一些特點就已開始形成，所謂靠山吃山靠水吃水，海鮮一直以來是潮汕地區的重要食材。當年韓愈（768-824）因《諫迎佛骨表》[4]觸怒唐憲宗（778-820），被貶為潮州刺史。初到潮州的韓愈在生活上極不適應當地環境，

飲食上更是叫苦連篇。這個河南人從未見過這些奇形怪狀的食材，於是寫了首《初南食貽元十八協律》向其好友元十八抱怨潮州的痛苦生活。此詩流傳至今成為我們窺見一千多年前潮汕飲食面貌的歷史視窗。詩中提到了鱟、生蠔、蛤、蒲魚、章舉、馬甲柱[5]及蛇等食材，亦提到了用鹽、醋、花椒及酸橙調味佐餐的習俗。如今的潮州菜依舊保留了這些特點，潮汕菜滷水見長，重海鮮；一菜一碟，善調味；粗菜細作，重食材。這些特點是千百年來逐漸形成的，這其中自然有名廚的功勞，但基礎則是這方水土養育的潮汕人民的生活智慧。

香港的潮汕菜由二戰前後的潮汕移民帶來，保留了許多傳統特色。不同時期移居香港的潮汕人給香港的潮汕菜帶來了新的特點，比如近幾年興起的現代派潮州菜便是一例。潮汕菜是高低皆可的地方菜系，除了各式粥糜雜鹹、蠔烙、護國菜、粿品、魚飯和滷水，還有白灼大螺片、潮式紅燉魚翅、紅炆鮑魚、紅炆海參等大菜。在六七十年代香港經濟騰飛的時候，許多潮汕菜館紛紛推出高級菜式，所謂高級潮汕菜即在此時風行，逐漸形成了香港潮汕菜館高低兼顧、擅長做高級食材的特點。

還有潮州打冷這一說法，亦頗有香港特色。五六十年代開始，一些潮汕大牌檔經營至深夜，預備了大量半加工的菜式，擺放在檔口或顯眼位置供食客挑選。其中各式魚飯、凍蟹、糜、粿品、滷味和生醃等等品類豐富，多數為可冷食的菜式。有人說「打冷」二字源於潮州話「打人」，因彼時地痞流氓吃霸王餐，店家常與之發生肢體衝突，久而久之吃潮汕菜就以「打冷」稱呼。這個說法可信度較低，因潮州話打人為「拍

人」，不可能有此音變。還有說法認為是菜品擺放在店前，客人要「打 round」挑選，是種洋涇浜[6]說法；也有人認為打冷是潮州話「擔子籠」（dan-nga-lang）音變而來，因潮汕小販多挑竹籠叫賣小菜滷水。究竟「打冷」二字如何而來，至今仍無定論。

傳統上，上環和九龍城一帶是潮汕人聚居的地方。如今社會變遷，移民後代散居港九各地，依籍貫和種族聚居的特點已不明顯，但上環和九龍城潮州菜館密佈，為當年的移民生活圖景留下了一些歷史的見證。比如名氣最大的尚興潮州海鮮飯店和創發潮州飯店就分別位於上環及九龍城。

尚興潮州飯店

若說尚興是全港最有名的潮州菜館想必沒有太多人反對。第一次去東京割烹名店京味時，主廚西健一郎（1937-2019）師傅說他以前每年都要飛去香港吃中餐，而尚興是他十分喜歡的餐廳之一。可見尚興的名氣早已遠揚海外，不局限於港島。

尚興發家於五十年代，當時大批潮汕人來港，尚興的創始人孫振光就是其中一員。孫振光的哥哥孫振恭彼時已在上環開設潮州小菜館，孫振光起先是在哥哥店中幫工。上環香馨里一帶聚居了許多潮汕人，陸續開出些潮州食肆來，比如當年名氣很大的斗記等等，時間一久人們就稱此處為「潮州巷」。九十年代末潮州巷逐漸被清拆，如今已不復見當年情景。

孫振光的妻子後來也南下來港，於是兩人頂下一間檔口賣

杏仁茶，繼而開始賣炒盆粉[7]，生意逐漸興隆之後儲錢開了一間小食肆，此乃尚興之濫觴。孫振光的尚興旁邊就是他哥哥孫振恭的兩興潮州飯店，兩兄弟各自經營，倒也相安無事。不過如今兩興已經從西環舊址搬到上環市政大廈的熟食中心裡，改名為「聯興潮州飯店」。而尚興則從九十年代中起搬入西環現址，一直經營至今。西環有一間一九九〇年開業的德記潮州菜館也有些名氣，是從大牌檔發展而來的，不過與尚興相比則歷史較短。

幾年前第一次去尚興屬於歪打正著，因在附近辦事，到了晚餐時間便進去吃了點。我與 W 小姐兩人點了些簡單菜式，一隻個頭較小的凍花蟹、小份滷水拼盤、豉椒炒蜆和鹹魚芥菜，沒想到每道菜都十分美味。凍蟹看似弱小，卻肉質飽滿，最後核算價格十分合理；滷水鵝肉鮮嫩多汁，不過鵝肝略微發硬；豉椒炒蜆肉質飽滿，炒製得入味；鹹魚芥菜則簡單鮮美。幾道菜兩人吃完正好，店家送上綠豆爽，粒粒圓滿，清香爽口，配上橙膏更添風味。餐前餐後照例奉上功夫茶，開胃解膩，沒想到隨意入來卻吃得滿意，於是隔段時間便要拜訪一次。

尚興的滷水據說只添不換，如今所用的滷水是三十年的老滷水，味道十足，做出來的滷味風味十足。魚飯和凍蟹亦是招牌。凍馬友魚油脂豐富，肉質軟嫩，透著濃重的魚味，尾韻鮮甜，配上普寧豆醬更為鮮美；凍花蟹無論個頭大小都肉質飽滿，鮮美多汁。海鮮在濃鹽水中煮熟後經過時間的沉澱，多餘水分揮發，皮脂凝結，肉質軟化，鮮味更加集中。原本是窮苦漁民用來保存賣不出去的漁獲的方法，如今卻成了一種美味菜式。

上｜滷鵝拼盤（攝於尚興潮州飯店）

下｜凍花蟹（攝於尚興潮州飯店）

這裡的各式小菜都做得不錯，且品質穩定。韭菜鵝紅簡簡單單卻鮮美異常，鵝血軟嫩，韭菜鮮香，令人一塊接一塊地吃。椒鹽九肚魚是很多餐廳都提供的小菜，尚興選用較為肥大的九肚魚切大塊油炸，入口更為飽滿軟嫩。還有十分市井的炸肥腸，選用的腸段肥糯，油炸後外層酥脆內層柔化軟嫩，一邊擔心不健康一邊卻停不下口。

至於白灼響螺[8]片、紅燒鮑翅等大菜尚興自然也做得毫不馬虎。他們的響螺片改刀寬闊平整，入熱湯秒速白灼，鋪在番茄片墊底的大圓盤上，底下放的是煮熟的螺肝，四周則以火腿片、黃瓜、番茄和橙片做裝飾。吃時配上鹹蝦醬，還未入口已聞到螺肉香氣，一口咬下鮮嫩爽脆，令人上癮。螺肝，即所謂螺尾者是也，較螺肉味道更為濃郁，鮮味更足，但未吃慣的人可能不好接受。大響螺生長緩慢，經過十年才能長到一斤半以上，而如此個頭的響螺只能片出兩大片肉而已，因此價格高昂。尚興的螺片定價較城中其他一些名店已屬合理，並不漫天要價。

甜品除了贈送的綠豆爽還有大量的其他選擇。比如經典的反沙芋，炒的如裹雪般漂亮，是教科書似的反沙炒法。酥脆酸甜的黃金伊麵亦是點單率很高的甜品。還有白果芋泥，香濃滑嫩，甜度適中。尚興的菜單選擇頗多，非一時間可以道全，只能就此打住。

樂口福酒家

如今的九龍城已逐漸變為泰國人聚居地，但在戰後約三十

上｜白灼響螺片（攝於尚興潮州飯店）

下｜反沙芋（攝於尚興潮州飯店）

年的時間裡此地是名副其實的潮州村。大批戰後來港的潮汕人聚居在此處，帶來了完整的潮汕文化。各式潮州菜館自不用說，還有潮汕餅店、傢俬店、生活用品店等等。當年街坊鄰里多是同鄉，恍如未曾離開過潮汕。如今許多食肆結業，但還有幾家著名老字號留存至今，比如樂口福酒家、南記飯店及創發潮州飯店等等。

樂口福創立於一九五四年，大概是現存歷史最悠久的潮汕菜館了。自開業至今，樂口福一直屹立在九龍城侯王道，未曾搬遷過位置。其所在的舊式唐樓建於戰前，目前已屬於古建築範疇。現在的老闆李忠文八十年代從潮汕來港，從大伯處接手了樂口福的生意。現在的樂口福佔據了一至三號共兩個單位，三號樓開業時已屬自有物業，一號則是二〇〇三年李忠文趁業主破產時買入的。正因為不需要經租金的折磨，樂口福才可以經歷風雨考驗，延續至今。當年同樣聲名遠揚的金龍、昇平等酒家均被香港高企的租金殺死。

由於我住附近，閑來無事便常去九龍城轉悠，有次正好午飯時間路過樂口福，於是就去吃了個便飯。樂口福的內裝大概幾十年都未曾有大變化，龍鳳禮堂金碧輝煌，中間的雙喜字據說可以翻轉成壽字，即可承接喜宴又可辦壽宴。雕欄玉砌，紅黑相稱，裝修頗有潮汕的富貴風格，可以讓人窺見當年生意興隆時的人來人往之景。包括杜琪峯的《槍火》在內的多部電影均在此處取景，自然是因為這裡完美保留了舊時光的印記。當天我們只點了雞腳螺頭湯、椒鹽九肚魚、滷水拼盤、普寧豆腐和一盤芥菜，簡簡單單，倒也吃得舒服。

創發潮州飯店內的打冷櫃

創發潮州飯店

離樂口福不遠還有一家創業六十多年的創發潮州飯店，據說解放前創發就已經在潮州開舖，後來搬到香港，在現址也已有三十多年。志魂的主廚柿沼利治師傅常向我提起創發，說他每月都要拜訪。潮汕菜雖然在呈現上與日本料理大相徑庭，但在調味和烹飪目標上則多有相通之處。相較廣府菜，高級潮汕菜輕油少醬，整體清淡雅致，食物原味更為突出，對鮮味有執著的追求；而且海鮮佔比大，魚飯凍蟹白灼響螺之類菜式更是只吃魚材原味，難怪不少日本朋友都對潮汕菜情有獨鍾。

創發相較其他幾家潮汕菜名店更為質樸，外觀看似大牌

上｜炸普寧豆腐（攝於創發潮州飯店）

下｜鯛魚凍魚（攝於創發潮州飯店）

檔，門口佈滿水箱，各式海鮮和大響螺供食客挑選。入得餐廳，人聲鼎沸，飯點時生意興隆。一進門是一個開放的冷檔，各色菜式和食材擺得滿滿當當；餐廳牆上貼滿了菜式和價格，食客可以看檔口點菜亦可看牆上菜單下單，因店家並不提供菜譜。

當晚與 W 小姐兩人吃飯，點了半條鯛魚魚飯、一隻個頭較小的響螺、椒鹽蝦蛄、普寧豆腐、觀達菜煲及白果芋泥。鯛魚肉質一般較為乾身，沒想到做成魚飯竟然綿軟適口，較蒸煮乾燒都更有魚味；相較烏頭，鯛魚油脂偏少，因此吃到最後也不至膩口。創發的白灼螺片擺盤自然沒有尚興華美，但螺的品質依舊實打實，螺片脆嫩美味，螺肝肥碩濃香。但我最喜歡的是這裡的普寧豆腐，外皮極酥而裡面滑嫩如半固體，配上韭菜鹽水更添美味。

金燕島潮州酒樓

在香港的持牌食肆中搜索潮汕菜香港食肆，多達近二百家，其中名店頗多。除了上文講的幾家老字號，還有些走高級商務食肆路線或較為新派的潮汕菜館。前者我想到的是金燕島潮州酒樓，後者則自然非好酒好蔡莫屬了。

尖沙咀寶勒巷粵海酒店中的金燕島雖也是老字號，但整體裝修、服務走得更為高檔的路線，較上述幾家老店更有正式感，其各類菜式的價格自然也偏貴些。金燕島原名金島燕窩海鮮酒家，開在尖沙咀星光行二樓，主廚是經驗豐富的吳木興師傅。星光行的店舖在老闆過世後轉手給另一名投資

者，沒想到兩年後該投資者竟將店舖出售予美心集團，改成美心旗下的連鎖潮州菜館潮庭。金島酒家將成絕響之際有熟客王先生出手，邀請主廚和夥計在內的全班人馬去寶勒巷華寶大廈繼續經營，酒家改名為「金燕島」；二〇一三年因華寶大廈舖頭再次轉售，金燕島於次年搬到粵海酒店中繼續經營。金燕島的輾轉經歷一時間成為城中談資，熟客為了讓餐廳繼續經營，出資力挽狂瀾，使得我們可以品嚐到一家老字號。

金燕島的菜式烹飪上更為精細，比如白灼響螺片是桌邊氽燙，令食客可以近距離觀賞響螺的烹製過程，亦可第一時間品嚐到白灼好的響螺。這裡的響螺白灼時間極短，因此更為軟嫩多汁。而凍花蟹亦是此處的強項，每次去都是十分優質的大花蟹，蟹肉飽滿鮮嫩，蟹膏豐富，但價格亦要更上一層樓。這裡的滷水汁據說有四十年歷史，汁膽歷史悠久，味道濃郁，不過這些年份說出來主要是為了宣傳效果。家常菜此處也有，但選擇相對尚興和創發則要偏少些。

好酒好蔡

名揚廣府的新生代潮州私房菜好酒好蔡在林建岳的邀請下，於二〇一五年底在港開設分店，選址位於中環中國建設銀行大廈五樓，內裝由已故鄧永鏘爵士設計。好酒好蔡的幕後主理人是蔡昊先生，他非專業廚師出身，故更能跳出框架去思考潮州菜。他用工科的精確分析和解構令傳統潮州菜獲得了新的生命，無論是從食材的選擇還是烹飪的步驟、溫度和所需時間

上｜脆皮婆參（攝於好酒好蔡）

下｜酸辣麵（攝於好酒好蔡）

的設計上，都走了一條現代派的精確路線。最後呈現給食客的是精準乾淨，而富有高級感的現代潮州菜。從二〇〇六年在番禺市橋開設的大有軒，到後來廣州的好酒好蔡工作室，再到香港店和北京店[9]，蔡昊花了十多年時間逐漸樹立起自己的品牌聲譽。

好酒好蔡走的是主廚發辦風格，食客在入座前全然不知當天會有什麼菜式，當年如此行事的中餐廳恐不多見，可算是先鋒派了。這裡的脆皮婆參、酸辣魚翅、溏心甘筍、西班牙脆皮豬手、田雞焗飯、酸辣麵、開心果桃膠等等都讓人一試難忘，菜式烹飪精準，食材運用得當，調味極其平衡，酸辣麵的湯底可以暢快喝完，而不覺得過酸過辣。某程度上來說，蔡昊為現代潮州菜摸索出一條新路。

好蔡館

蔡昊的哥哥蔡昱在太子開了一家好蔡館，平時做家常小菜和各類潮汕麵食，晚上則在二樓開私房菜。兩者的風格並不相似，相較而言好蔡館更顯得傳統和家常，菜品沒有好酒好蔡般凌厲精準，但給人溫潤放鬆之感，因此也在一些食客中建立起了口碑。

高級餐廳畢竟不是普通人可日日光顧的，香港街頭巷尾亦有很多平民潮州菜館。當年北角的阿鴻小吃獲得米其林一星，一時間傳為佳話，可惜後來被房東加租，只好結業，一度只剩下機場店一絲餘音；聽聞近來在觀塘重新開張了，尚未有機會拜訪。

北角的潮樂園是個家常式的潮州菜館，他們的凍烏頭頗好，用的是元朗楊氏烏頭，黃油十足而無泥土味。其他小菜雖不算精妙，但也在水準之上。從元朗搬到太子的潮式腸粉家菜館則提供地道的潮州腸粉，粉薄料足，醬汁以醬油、豬骨湯、五香粉及蒜蓉調和而成，吃起來與廣式腸粉全然不同。除此之外也有不少家常小菜可選，對「家己儂」（自己人）而言更可解思鄉之愁。

　　開埠以來，各地移民為香港帶來了多姿多彩的文化和生活習俗，也帶來了客居異地的鄉愁，經過世代的傳承，這些鄉愁鄉情全融入了香港文化之中。佔據總人口約百分之十五的潮汕籍移民及後代無疑使得香港成了潮汕之家，潮汕文化是香港文化中不可分割的一部分。而潮汕味覺自然是香港味蕾上那一份不可或缺的記憶。

　　香港本是一個異鄉人的城市，每一個人來到這裡都可找到屬於自己的一份歸屬感，香港過去一百年的發展史亦是一段移民史。如若有一天香港成了封閉之所，那麼屬於她的那份活力和魅力也終將衰退。

註

1. 寫於二〇一九年五月末至六月初；文章提及的餐廳均拜訪多次。
2. 上河幫、下河幫和小河幫是川菜分類，分別指成都菜、重慶菜和自貢菜。
3. 當日刊登了一篇題為「我國的八大菜系」，作者署名汪紹銓。
4. 唐憲宗元和十四年（819 年）的事。
5. 此三種分別為魟科魚、章魚及乾貝。
6. 上海方言「洋涇浜」指的是「不倫不類」的意思。
7. 盆粉以米製成，磨漿過濾後，加適量豬油隔水加熱攪拌成黏稠狀後，蒸製而成。可切片炒，亦可湯煮食用。
8. 學名為 Hemifusus colosseus，中文名為長香螺，是新腹足目香螺科的一種。
9. 於二〇二〇年結業。

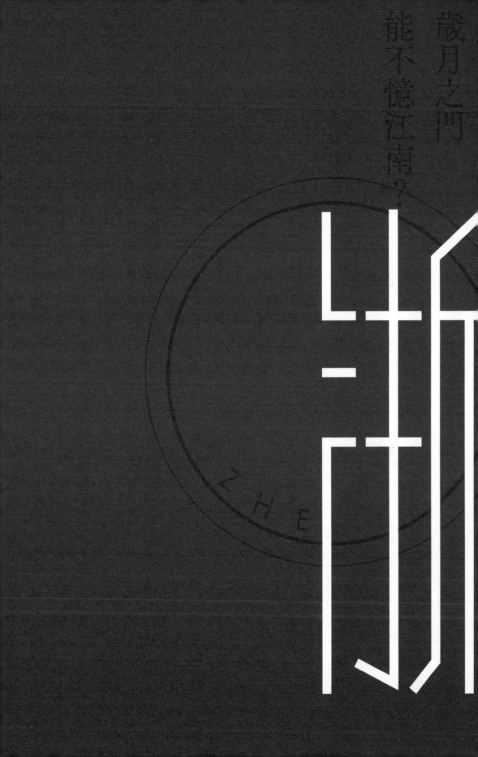

歳月之門

能不憶江南？

ZHE

歲月之門 [1]

天香樓

第一個甲子已過，孟永泰的天香樓以不同的形態存在，但唯有香港的天香樓是他當年設想的模樣。

有一次在誠品書店隨手翻看蔡瀾先生的一本書，看到「天香樓的杭州菜，可以說天下第一，包括杭州在內」，不禁吃了一驚。我對於「最」者皆懷有疑心病，因一人之力不可能窮盡所有，且餐廳可分層，卻難排序。

這之後我便對天香樓印象極為深刻了。一開始以為是杭州延安路上三層樓高的那家國營老字號。後來發現蔡瀾此處說的其實是香港的天香樓。於是某個春日週末，便和 W 小姐去一探究竟。沒想到從此之後，天香樓成了我最喜歡的浙江菜館。

說是在佐敦，其實已經屬於柯士甸一帶了，從佐敦地鐵站

出來需要走一段才能到。看門臉，頗有些歲月的痕跡。金色的店名顯得暗沉，「天香樓」三個大字旁邊是「正宗杭菜」四個小字。玻璃窗上有一塊展板，寫著「大閘蟹」三字，上面有大閘蟹和菊花的照片，顏色已褪去，很難判斷當初新印製出來時的效果了。

推開老舊的玻璃門，似乎是穿越了時光，店內六七張圓桌，以舊屏風隔開；最裡面的櫃檯上掛著一塊牌匾，上書「天香樓」三字。初入座時未曾細看，後來發現竟是張大千（1899-1983）題的；牆上也掛著許多名人字畫，最醒目的是黃永玉（1924-　）的《天香圖》；桌上鋪著淡粉色花紋布，餐具則是用了許久的景德鎮瓷器，不算講究，有些已有缺口。

菜單和筷套上都寫著「珍記」二字，有些不解何意。來天香樓之前，便聽到了「服務態度不好」和「十分昂貴」這兩條評價。穿著白衫的叔伯堂倌們，確實比較淡然，不覺得熱情，倒也不覺得冷漠。我們點菜時，還一路介紹和推薦。點完菜，與照顧我們這桌（其實當天午餐僅我們一桌）的寧波阿叔聊了聊，也大概對天香樓的來龍去脈有了點概念。後來吃完飯，又忍不住做了一番搜索，終於將天香樓的傳承給理清了。

香港的天香樓不僅與內地的天香樓同宗同源，更是秉承其正宗者。一九二七年，蘇州人陸冷年在杭州創辦天香樓，店名據說取自唐朝詩人宋之問（約 656-712）的《靈隱寺》中的兩句「桂子月中落，天香雲外飄」，是非常美的意象。天香樓起初經營時並未專做杭幫菜，生意一般。後陸冷年決定以杭幫菜為特色，故將餐廳改名為「武津天香樓」，招牌是朱孔陽

（1892-1986）題的。一九二九年，恰逢第一屆西湖博覽會（第二屆是二〇〇〇年），天香樓生意逐漸好轉。

一九三一年，陸冷年聘請孟永泰（？-1967）經營打理天香樓。這孟永泰乃紹興人，先前在陸冷年常去的西悅來菜館當堂倌，不僅樓面的事情了得，對烹飪也頗有研究。孟永泰將天香樓經營得有聲有色，幾年後從陸冷年手中盤下此店，改名為「武林天香樓」。

孟永泰在一九三三年收了一個叫韓桐椿（1922-2011）的十一歲孩子為徒，悉心培養，此人日後成了天香樓遷港後的頂樑柱及店東。隨後幾年，天香樓聲名遠揚，分店開到了上海。鼎盛時期，杭州教仁路（現郵電路）上南北各有一家天香樓，隔街相望。之後戰亂頻仍，新中國成立後，天香樓收歸國有，孟永泰便帶著韓桐椿一路南下至香港。

開頭提到的寧波阿叔人稱「小寧波」[2]，他說，香港天香樓裡的牌匾乃是孟永泰當年從內地搬來，但題字人是張大千，而非朱孔陽。

天香樓於一九五〇年在佐敦吳淞街重開，孟永泰帶著韓桐椿，招募了一批堂倌侍應，以蘇浙滬人居多，天香樓便在香港獲得了新生。杭州的天香樓在寫簡介時對這段歷史諱莫如深，歷史的迷霧看似真假難辨，實則脈絡清晰。

解放戰爭前後，來港的蘇浙滬人士頗多，浙江菜與淮揚菜在香港有深厚的食客基礎。天香樓自重新開業後，繼續保持著自己特有的大閘蟹供應渠道，在當年開了香港吃大閘蟹的風氣之先。火車運來的大閘蟹成本頗高，據說要賣幾十港幣一隻，

幾是工薪階層一月人工。而各種做工精細的杭幫菜，亦令其一時無兩。

孟永泰一九六七年過世前，將天香樓以友情價盤給了韓桐椿。坊間更傳聞，韓桐椿是孟永泰的女婿，實際上韓桐椿的愛人倪桂珍當時只是在天香樓做服務員，孟永泰據說對她關懷有加，視同己出，因此才有了這段誤會。韓桐椿接手天香樓後，便在餐廳名字裡加上了「珍記」二字，以表對太太的愛意。

一九七三年天香樓搬遷到現址，此後裝修上無大變化，歲月在這小小的空間裡停住了腳步。停住腳步的不單有歲月，還有與天香樓結緣的堂倌、食客。比如「小寧波」，二十五歲時來港，天香樓是他的第一份工作，一幹便是幾十年。「小寧波」成了「老寧波」，鄉音無改鬢毛衰，兌酒的技藝越來越嫻熟，韓老闆仙遊、吳大廚離職、李師傅退休，人來人往，他卻堅守在此地。

說到吳大廚，不得不再多說幾句。吳國良乃杭州人，於一九五三年他十五歲時到著名的杭州酒家[3]學藝，一路從學徒做到國家一級廚師，為很多大人物做過菜（包括兩代核心）。一九八八年，吳國良受聘於天香樓，擔任主廚。他在天香樓掌勺十八年，後來兒子吳瑞康在香港開了杭州酒家，吳師傅便從天香樓退下，去杭州酒家做顧問了。

而李師傅名叫李亞平，二〇〇七年退休後做起了中國臺北亞都麗緻大飯店天香樓的顧問。三十餘年前，亞都麗緻大飯店總裁嚴長壽（1947- ）帶領邱平興師傅前往香港向韓桐椿學藝，這便是中國臺北天香樓的由來。如今天香樓的老闆乃是韓桐椿

的女兒韓美娜，廚房近兩年有位杭州聘來的年輕師傅，但老師傅們還是繼續把關監督著。

至此，海峽兩岸暨香港天香樓的來龍去脈皆已理清。我也要打住了，不然沒完沒了又要牽扯出許多食界往事。天香樓的發展脈絡便是半部杭幫菜的傳承演變、變遷傳播的歷史，其中值得玩味感歎的細節頗多。

天香樓的菜單上，有許多菜沒有標價，阿叔說，這些菜品是沒有供應的。吳大廚和李大廚退休後，不知道是不是很多菜品的傳承出了問題，但最經典的那些依然在。有人說韓桐椿去世，兩位老廚師退休後，天香樓便只活在食客的記憶中。我生已晚，未能品嚐天香樓鼎盛時期的菜式，但即便如此，我已覺得天香樓是我最喜歡的浙菜館。

第一次去時，主要點了幾個經典菜。醉蟹、龍井蝦仁、蟹粉鮑翅、蟹粉撈麵、春筍豆尖，每一個菜都恰到好處，就連贈送的醬蘿蔔和水果酒釀丸子也讓我們大呼好吃。據說有熟客還會問餐廳購買醬蘿蔔，因自家醬不出這味道。他們的醉蟹用的是大閘蟹，而非梭子蟹。酒香重，醃製的時間比較久，有點白玉蟹的味道，十分古早。

後來再去便輕車熟路了，什麼菜時令，什麼菜推薦，阿叔們都會熱情獻策。若會講吳語則更是如魚得水，好似穿越時光，回到了張愛玲小說中的上海。

天香樓絕不是現代意義上的高級餐廳，環境老舊，顯得有些落寞；菜的擺盤也不花什麼心思，如實呈上，拍出來也不算美觀。但上菜時便可看出老派的優雅。菜的順序和間隔不會亂

醬蘿蔔

來。涼菜熱菜的順序不會錯，葷素菜肴也有次序上的講究，不會一桌菜一股腦堆滿。吃火候的菜，阿叔會提醒食客趕快吃，你若只顧著聊天，他們說不定會著急把菜盛到你碟子裡。之前聽聞有人因這樣的善意催促而覺得天香樓服務態度不好，實在無話可說了。

很多菜都是不可久放的，比如為人稱道的龍井蝦仁。蝦仁上漿冷藏後快速炒成，滑嫩鮮美，有淡淡的茶香。你一勺我一勺配點醋快快吃了才對得起這些手剝鮮蝦仁，若放久了蝦仁就會出水，口感和味道都打折扣。

天香樓的龍井蝦仁一改我對這菜的偏見，說實話在此處我才真正體會龍井蝦仁的精妙之處。每年新買的雨前龍井，配以

上｜龍井蝦仁

下｜生爆鱔背

新鮮手剁上漿的河蝦仁，幾十年的手法和功夫，就在這不起眼的一盤當中，才明白這道菜如何是名菜了。

再比如爆鱔背，剛上桌時還很燙口，鱔背脆，醬汁香，毫無油膩感。但過了一會兒後，鱔背的掛糊就開始變軟變膩，很難適口了。人少時便不建議點爆鱔背這樣的菜。

剛才說了，天香樓的講究是老派的作風，是內地難以尋見的精益求精，從這裡可以窺見和幻想當年講究的菜館到底是什麼樣子的。比如蟹粉鮑翅，選每日賣相一般的大閘蟹現拆蟹粉。一般餐廳蟹肉全要用到菜裡，但天香樓將蟹腿肉全部丟掉。原因是，蟹腿肉表面發黑，若用上蟹腿肉怕影響魚翅的色澤。勾兌鮑翅的湯以老雞及金腿燉煮而成，鮮美無比。上菜後點一小勺蟹醋，便可享用了。

再比如，鹹肉塔菜只選一大株塔菜的心，一大袋塔菜只能炒出一盤，天香樓的原料是不計成本地精益求精，而作為食客也該欣然接受高價位。這樣的態度不是針對一兩道菜裝模作樣的，而是每一道菜都如此，幾十年如一日，這是老派的商譽養成法。

除了蟹粉鮑翅外，還有一道蟹粉菜是每次必點的，便是蟹粉撈麵。勁道的自製粗麵配鮮美的清炒蟹粉，是我品嚐過的最美味麵食之一。一碗麵的分量不小，可兩人分食。上麵時，麵和蟹粉是分開的，到客人面前堂倌才將清炒蟹粉扣到麵上，令人垂涎欲滴。蟹粉不僅品質出眾，而且分量充足，味道平衡，沒有一根麵條會孤獨存在。

前面已說，天香樓在香港引領了吃大閘蟹的風潮。據說他

上｜大閘蟹

下｜蟹粉撈麵

們的一貫做法是不限成本，只拿最好的蟹，因此賣價就可想而知了。與其他只在秋季供應大閘蟹的餐廳不同，天香樓一年四季皆有大閘蟹提供，只不過除卻六月與秋季，其餘時候不如吃蟹粉菜。

到了菊香蟹肥時，自然要去吃大閘蟹。天香樓清蒸的大閘蟹只用公蟹，因其味濃，去年（編按：即二〇一六年）蟹季去吃便全是三角臍。堂倌說三角臍的品質好，看外表就知道這大閘蟹不會差：青背白肚，金爪黃毛，十分壯實，符合對好蟹的每一項要求。一問重有七司馬兩（約五點七兩）；另有八至九司馬兩的提供，要預訂……我對堂倌說，好貴啊，要攢攢錢才能來下一次了。堂倌打趣說，別開玩笑啦，我們這裡的客人都是這麼說的，習慣了……

蒸熟後有堂倌快速拆蟹，拿到手裡時，還是發燙的，蟹殼裡面是滿滿的膏黃，加點蟹醋，實在是人間美味。天香樓的大閘蟹不僅選得好，蒸得也恰到好處，肉質細嫩，鮮甜潤口。海蟹或以肉量取勝，但鮮味而言，則沒有比得過大閘蟹的。同樣重量的大閘蟹在香港別的餐館也有吃到，但重量之外，方方面面如此精挑細做的大閘蟹，還得來天香樓。

吃完大閘蟹，洗手的是老豆苗葉浸泡的水，豆苗中的鐵質可以去腥，這也是別處難見的老派做法。蟹吃得開心，自然需喝點黃酒。天香樓的老酒也很講究，二十八至三十二年陳的花雕，兌上五六年新酒。這是一門手藝活，陳酒雖香，但口感太厚，兌上適當比例的新酒才能醇厚適中，當年小寧波學兌酒便學了好幾年，如今是幾十年的訓練成果。天香樓另租了地方專

門藏酒、兌酒，他們的花雕酒也是只此一家別無分號的。

除了蟹粉菜和大閘蟹，我最喜歡的便是煙熏大黃魚。據說天香樓每日高價收購手釣黃魚[4]，數量極少。魚用砂糖和龍井茶葉熏製，上桌時色澤金黃，香氣撲鼻，茶熏的特殊香氣滲入魚肉中，和魚肉的鮮香結合在一起，實在令人一嚐難忘。

還有平日裡一般不做的魚圓，是在嶺南難以吃到的浙江風味。浙江的魚圓不添加澱粉，追求的是空氣感和魚味，這和追求彈牙的廣東魚蛋大相徑庭。小時候過年便有做魚圓的習俗，需去骨褪肉細細攪打令魚肉上勁，然後用拇指和食指擠出一個大大的魚圓令其在熱水中成型。天香樓的魚圓更講究，先要令魚肉靜置一晚才能製作魚肉茸，成型後的魚圓與蓴菜、火腿絲及雞絲同煮，便是著名的蓴菜魚圓湯了。湯味清鮮，火腿香氣突出；魚圓軟滑蓬鬆，真是美妙至極。

即便在幾位名廚相繼退休後，食客也無須擔心天香樓品質崩壞，從我的體驗來看，即便距離當年的峰值有一定距離，但天香樓的絕對品質依舊非常高。杭州酒家雖然有吳國良大廚做顧問，但場子大，翻台率高，菜品種類多，精細度遠不及天香樓。

看天香樓的菜單，不禁想知道韓桐椿在世時，天香樓最鼎盛的時候是怎樣一幅場景？這許多空著標價的菜，是否再沒人做了？有時候去天香樓吃飯，全場便只有一兩桌客人（大閘蟹的季節自然是全滿的）。「貴」、「服務一般」等評價無疑對於餐廳是有負面影響的。真擔心哪一天天香樓堅持不下去，世間再無如此卓絕的浙菜館子了。

上｜煙熏大黃魚

下｜蓴菜魚圓湯

我長久以來都向友人推薦天香樓，作為一個浙江人，這是二三十年間養成的味蕾直覺。希望天香樓可以在這窄小的玻璃門內續寫傳奇，將這正統老派的味道傳承下去。

　　第一個甲子已過，孟永泰的天香樓以不同的形態存在，但唯有香港的天香樓是他當年設想的模樣。在這個地方，時光是不動的，既沒有溜走，也不可能倒回，只能這麼靜靜地溫習熟悉的舊日時光。或許以現代餐廳的觀點來看，天香樓顯得太守舊了；但正是因為有它，才讓現代人知道，原來自以為熟悉的一些菜，真正的樣子是如此的陌生。而每一道名菜絕非徒有虛名。

　　吃完最後一勺水果酒釀丸子，我們便要買單走人。推開天香樓的歲月之門，再回到紛擾的現實之中。

註

1. 寫於二〇一七年一月四至七日；基於多次拜訪；寫作前一次拜訪於二〇一六年十一月。
2. 小寧波已於二〇二一年退休。
3. 此處指杭州的杭州酒家。
4. 不過多不是東海出產。

能不憶江南？[1]

杭州酒家

我自十八歲去北京讀大學，便再也未回家鄉久住。本科時假期雖然空閒，但從大學二年級起我便在新東方學校兼職教課，寒暑假可回家的時間也十分短暫。研究生及工作以後更是常年在外，回家鄉的日子屈指可數。偌大的中國，如我這般離鄉背井的人不在少數。我們離開家鄉來到一個新城市，成為新移民，融入到這城市的氛圍中，但總有一部分印記是家鄉給我們的。這便是所謂的一方水土養一方人。

於我而言，最難以抹去的記憶總停留在味蕾之上，無論去到何處久住，一定要找尋浙菜館子。如果沒有好的浙菜館，那麼淮揚菜和本幫菜也被拿來打牙祭，畢竟吳語太湖片區的餐飲淵源相近。

香港作為一個典型的移民城市，蘇浙滬移民比例雖遠低於粵閩兩省，但在香港發展中的影響力不可小覷。蘇浙滬移民可分為二戰前的早期移民，四五十年代的移民和八十年代之後的新移民三部分。

早期移民來港日早，在油尖旺一帶定居，一九〇九年原先的差館街索性全段改名為「上海街」，可見當時此地上海移民之多。二十世紀早期此處便已夜總會林立，緊跟當時有「東方巴黎」美譽的上海之潮流。上海街、砵蘭街一帶在清末民初已有色情產業，至二三十年代更為猖獗。明面上是夜總會的去處，暗中行色情之事的不在少數。因此時至今日，在香港粵語中，「上海街」、「砵蘭街」在特殊語境下，都帶有一絲色情嘲諷之意。

抗日戰爭時期亦有不少蘇浙滬人士來港避難，後來香港淪陷，出現了一波離港浪潮。解放戰爭後，香港再度迎來較大的蘇浙滬移民潮，其中三教九流皆有，既有杜月笙（1888-1951）一類的大佬，亦有毫無產業的貧苦市民。這些移民因籍貫混雜，多對外宣稱是上海人，但實際上有大量浙江及江蘇人。香港幾任特首中，便有兩位祖籍浙江寧波的，一是大船王董浩雲（1912-1982）之子董建華（1937- ），另一個則是出身基層的林鄭月娥（其父親為舟山籍移民鄭阿毛）。這兩位的家庭背景亦代表了當時分屬不同社會階層的蘇浙滬移民。

這一時期，蘇浙滬移民的聚居地從油尖旺區擴散到港島北角、炮台山一帶。後期北角一帶亦獲得「小上海」稱號。蘇浙滬移民聚居之處，自然湧現出許多蘇浙菜館。早年從杭州搬

來香港、立業於佐敦吳淞街的老店天香樓自不用說，至今它仍在柯士甸路上屹立不倒，為香港的蘇浙菜館培養了不少廚師。

進入七八十年代後，北角陸續出現三家著名的蘇浙菜館，名曰「三園」，一乃滬園，二乃雪園，三乃留園。按照蔡瀾的說法，當年而言，雪園飯店做的浙江菜、本幫菜已屬於新派，大不同於如天香樓一類的老店。這些館子中，老闆和服務員多有蘇浙淵源，常可聽到吳音。

論起當今香港蘇浙菜廚師，除了天香樓出身及從內地特聘回來的名廚外，應該大部分都出身於北角三園，如浙江軒及夜上海的主廚。如今北角三園全部結業，留園尚有灣仔的留園雅敍，雪園尚有銅鑼灣的雪園飯店，以及重開在灣仔的老雪園，而滬園則早已消失在歷史的塵埃中了。

前兩波的蘇浙滬移民潮都與動蕩的大時代息息相關，進入八十年代後，移民到香港的蘇浙滬人主要通過技術移民，比如當年杭州天香樓的總經理、杭州酒家的前總廚吳國良師傅（1938- ），便是由於浙菜廚藝被挖角到香港的天香樓擔任主廚。

吳國良的經歷在關於天香樓的食記中已有所談及。他出身鹽商家庭，八個兄弟姐妹中排行老大，小小年紀便肩負起養家重任。十五歲時，吳國良進入杭州的杭州酒家[2]，師從許錫林和傅春桂學習廚藝和外場工作。吳國良靠著自己的努力和天賦上升很快，一九八三年被評為國家特二級廚師，很快又升為國家特一級廚師，人稱「杭州第一廚」。八十年代他已成為杭州

酒家總廚，又赴任杭州天香樓的總經理。

名聲在外的吳國良獲得香港天香樓的老闆韓桐椿的邀請，希望他赴港擔任天香樓主廚，經過上級批准，一九八八年吳國良赴港履新。

一九八八年內地與香港的經濟發展水準差異極大，初到港的吳國良面對高要求的香港食客絲毫不敢怠慢。他悉心整理菜單，每日親赴街市選購原料，從無懈怠，天香樓幾十年的名聲在他手裡做得更加響亮。他來港時，兒子吳瑞康還在杭州市勞動局上班，雖然出身廚藝世家，吳瑞康卻沒有成為專業廚師。不過在父親的耳濡目染下，他的廚藝也十分了得，八十年代末亦開過餐廳，據說反響不錯。

在父親的影響下，吳瑞康終於在一九九三年來到香港開始打拚，先是做廚師（一度遠赴德國工作），後來又做貿易生意，最後被一個香港投資商派回餘姚做某度假村的總經理。不過度假村經營不善，幾近倒閉，前途迷惘的吳瑞康於一九九七年回港，重新尋找出路。一九九八年開春，吳瑞康在紅磡開了家小食肆做浙江小吃，取名「西湖飯店」，這餐廳現在早已無跡可尋，卻為後來的杭州酒家打下了基礎。

吳瑞康的杭州酒家於二〇〇五年四月開業，吳國良次年從天香樓榮退，做起了兒子新餐廳的廚藝顧問。雖然與杭州的老店同名，但香港的杭州酒家與杭州老店完全無關，有關的只是吳國良半個世紀前在杭州酒家學得的一手好廚藝。這手廚藝在杭州老店裡再難尋覓，我看了看杭州老店的菜單和菜品照片，不禁唏噓，百年老店竟淪落至此。幸好在這香江一隅還有正宗

本味可尋。

杭州酒家開業後，高朋滿座，店內隨處可見的名人合影、名流題字，都可看出吳氏父子的人氣之高。餐廳招牌「杭州酒家」四字出自金庸（1924- ）[3]之筆，側廳牆上有吳伯雄（1939- ）題字「群賢畢至，盛客盈門」，再仔細找，牆上還有蔡瀾、倪匡等人的題字。二〇一〇年杭州酒家獲得米其林一星的肯定，連續五年不曾斷過（至二〇一四年）。杭州酒家在當年作為第一家摘星的非粵菜中餐廳，一時無兩。

我於二〇一三年來港工作，彼時對香港的餐飲業並無太深的認識，以前來遊玩時過客匆匆，沒有細緻品嘗香港味道。工作了一段時間後，我詢問來自杭州的同事，香港有何值得去的浙江菜館，她便推薦了杭州酒家。但直到二〇一四年底發佈二〇一五年《米其林指南》，我都未曾拜訪──那年杭州酒家被摘星了。

據常去杭州酒家的同事說，獲得米其林星級後，杭州酒家開始變得越發熱門，菜品水準有些飄忽不定。餐廳被摘星後，我們想著吳大廚必定重振旗鼓，此時該是拜訪的好時機。

不記得第一次去杭州酒家是何時了，應該是和同事一起的，兩個浙江人點了一大桌家鄉菜，吃到最後也敗下陣來，如何克制自己的點菜慾望是個永恆的修煉課題。那一日點了桂花糯米藕、炸響鈴、油燜筍、千島湖大魚頭、東坡肉及筍絲薺菜炒年糕，都是引人鄉愁的味道。糯軟香酥過齒間，青山秀水駐心頭。

後來香港的蘇浙菜館去得差不多了，發現最喜歡的還是天

香樓、杭州酒家和留園雅敍，其中杭州酒家一度是去得最為頻繁的。究其原因，一是菜品選擇多，別處沒有的冷門菜，這裡基本都有；二是摘星之後菜品質量卻越發穩定起來，與浙江軒（對外經營區域）相比，更勝一籌；三是定價適中，頗可作為頻繁拜訪的鄉愁飯堂。

杭州菜，或曰杭幫菜，乃浙江菜的主要分支之一。世人說起浙江菜主要指的便是杭州菜、寧波菜和紹興菜，此外重要分支還有甌江菜，至於台州菜等地方菜式則影響相對較小。浙菜三大分支中以杭幫菜為清淡，寧波菜重鹹鮮，紹興菜擅醃製，各有不同風情。杭州酒家雖稱「杭州」，卻兼顧了寧紹菜式，比如醉蟹、泥螺、醉雞、蒸雙臭等等。因此浙東一帶的朋友，乃至蘇滬朋友也可在此處找到些家鄉味道（鱔糊亦做得極好）。

來杭州酒家的次數雖不少，但點來點去的菜式卻基本固定。蓴菜魚圓每次必點，有時候點蓴菜魚圓，有時候則點魚圓蓴菜湯。其中妙的是魚圓，用草魚肉搗製，軟嫩順滑，是繁瑣做工下才有的佳品。每次吃這魚圓便想起小時候家住大台門，隔壁家的謝奶奶逢年過節會買鰱魚或草魚做魚圓，她搗魚圓的聲音在我腦海裡留下了深刻的印象。

浙江的魚圓不加澱粉，是純魚肉所製，與廣東的魚蛋截然不同，吃得便是魚肉的鮮嫩。與魚圓相配的是杭州來的蓴菜和金華來的火腿（杭州酒家許多食材都乃浙江空運），可惜蓴菜時常選得太老，影響口感。不過總體上這是一道好菜。

這裡的富貴盒（臭豆腐）炸得水準頗高，有次去浙江軒點富貴盒發現炸得完全乾癟，吃進去如同紙片，一對比便想起杭

上｜炸富貴盒

下｜酥炸小黃魚

州酒家的臭豆腐來。這裡每次炸得都不出錯，外酥內潤，蘸點辣椒醬吃，讓人回想起小時候在街頭買臭豆腐吃的時光。

油炸功夫既然了得，則酥炸小黃魚自然不會差。這是一道每家蘇浙菜館都作的菜式，連翡翠小籠包一類的新加坡蘇浙簡餐亦出品這道菜。杭州酒家的版本比坊間其他各家都做得出色。外皮酥脆，卻不破壞魚肉的鮮嫩；配上些蒜碎，十分開胃。

杭州酒家有香港蘇浙菜館基本不提供的「蒸雙臭」，這道菜與臭豆腐其實一脈相承。臭豆腐要炸得好，先要醃得好；醃得好就要有好的徽莧菜梗，因為紹興臭豆腐便是用這莧菜梗汁水醃製的。若徽莧菜梗醃得出色，自然就有不錯的「蒸雙臭」了，所有都可以說是同一素材的不同呈現。

這道菜的威力很猛，餐廳內舉凡一桌點了，整個空間都洋溢著不可名狀的氣味。徽莧菜梗是紹興特產之一，據說起源要追溯到越王勾踐時期。醃製品的起源多少都與某一時期物質的匱乏有關，而後世繼續製作則是因為發現了其中的妙處，並進行了相應的改良。少時母親每年都要製備徽莧菜梗，食用時清蒸即可，配麻油共用，吃的是發酵軟化之後菜梗中的汁水和肉。後來擔心亞硝酸鹽有害身體，十多年前開始我家便不再食用莧菜梗。

杭州酒家的這道菜我只點過兩次，一是氣味太重，怕同行朋友接受不了；二是他家的徽莧菜梗常選得過老，醃製之後裡面基本空心，一吮吸只有少許鹹水，頗為惱人。可能精華都跑去醃製的臭豆腐上了？「蒸雙臭」的莧菜梗其實以較軟嫩者為佳，蒸製之後，汁水流於臭豆腐之上，兩者融為一體，鮮香適

口，是道下飯的菜式。

泥螺、醉雞、香乾馬蘭頭一類的小菜，杭州酒家做得十分出色。黃泥螺選得好，個頭大，肉質飽滿，酒香撲鼻，鹹味適中，若能有碗稀飯配著就最好不過了——黃泥螺於我而言總是與早飯聯繫在一起的。醉雞軟嫩細滑，亦是每次必點的涼菜；香乾馬蘭頭吃得是這野菜的香氣，不過春季的野菜要吃時令，不然口感會差很多。

杭州酒家的龍井蝦仁也在水準上，不過與天香樓比仍是差了不少。蝦仁新鮮剝製後上漿，與龍井新茶快炒，一上桌便要分食，溫度過了就不再美味。同為快炒菜的雪菜蠶豆卻可以慢慢品味，隨著溫度的下降味道也會有變化，可以當做下酒的小菜，配上兌了點新酒的陳年黃酒是最為愜意的。

至於大湯黃魚和千島湖魚頭一類的大菜，要人多些才好，不至於吃撐了肚子，壞了體驗。尤其是千島湖魚頭，分量頗大，適合四人以上。大魚頭肉質細膩，膠質豐富；火腿的鮮味浸潤魚頭，又融於湯中，配上軟滑的魚圓，令人感到無限的喜悅。

我曾經帶過不少朋友去杭州酒家，有在港工作的北京人，進門前我便提示她若有人點了「蒸雙臭」，餐廳裡的氣味會不太好聞。點了些教科書式的幾道經典浙菜，希望她也可體會到浙菜的美。

也常與蘇浙滬的朋友前往，席間往往聊起些家鄉美食的異同，既解鄉愁，又增些蘇浙菜知識，不亦樂乎。前段時間還帶著一個加拿大朋友前去，沒想到他竟然完全能接受「蒸雙臭」，還一口氣吃了好幾塊豆腐，這種表現絕不可能是裝出來

千島湖魚頭

的。他說這氣味與藍紋芝士相比簡直小兒科。

杭州酒家有時候亦是我偷得浮生半日閑的去處，轉工之前，某日工作鬱悶，中午就跑去杭州酒家吃了個午飯。我一個人點份蓴菜魚圓湯，一道醬燒茄子，四個小籠包，一碗蔥油麵，最後還要桂花酒釀圓子收場，吃得腹飽，也將煩惱暫時從心頭擠掉。

小時候放學回家的路上，常可聽到每家每戶的炒菜聲，間或窗口飄出些飯菜的香氣，讓我心情莫名好起來。那是九十年代的記憶，現在高樓林立的現代住宅區裡，再無這一意象可尋。但每每想起這些記憶中的細節，仍然覺得有股莫名的溫暖感。在外打拚的遊子來到家鄉菜館，味蕾的記憶被挑動起來時，總有種暫時回到家的錯覺。杭州酒家便常給我這種感覺，因此是我一解鄉愁之處。

白樂天（772-846）任杭州刺史兩年，回到洛陽十餘年後，寫下《憶江南》三首。「江南好，風景舊曾諳；日出江花紅勝火，春來江水綠如藍。能不憶江南？」作為生於斯長於斯者，遠離家鄉，又如何能不憶江南？且在這飯桌上以解鄉愁吧！

註

1. 寫於二〇一八年五月二十至二十二日；基於多次拜訪；寫作前一次拜訪於二〇一八年四月。
2. 辛亥革命前後創辦，原名高長興酒菜館，自產黃酒十分出名；一九五一年公私合營改名「杭州酒家」。
3. 金庸先生於二〇一八年十月三十日逝世，文章寫作時金庸先生尚在世，故文章內容維持不變。

留園今何在

S U

留園今何在 [1]

留園雅敘

留園雅敘不僅僅是一家蘇浙菜館，而是歷史迴響中傳來的一聲依稀樂音。

　　蘇杭乃第一等風流富庶地方。西子湖畔行人如織，閶門外商賈雲集。閶門又名「吳門」，是蘇州西北邊的一道城門。唐伯虎（1470-1524）的《閶門即事》有云：「世間樂土是吳中，中有閶門更擅雄。翠袖三千樓上下，黃金百萬水西東。五更市賣何曾絕，四遠方言總不同……」可見當年商業繁榮之景。閶門始建於春秋，至明清時期發展成蘇州核心的商業地帶。直到太平天國運動興起，兵荒馬亂，蘇州的商業地位逐漸沒落，閶門一帶再未能恢復昔日繁華。

　　閶門外有一園林，謂之「留園」，乃蘇州園林中最有名者之一。而香港有一蘇浙菜館叫留園雅敘，兩者似乎只是重名，

並無太大聯繫。其實不然，留園雅敘與留園有著千絲萬縷的關係。不過這一節先按住不表，後文再作分解。

初訪留園雅敘時，來港半年有餘，思鄉心切，常想找些家鄉菜吃。某日舊時老闆請吃飯去到車氏粵菜軒，發現同一層樓裡有家蘇浙菜館喚作留園雅敘，於是默默記下，待日後來吃。恰好後來要請同事吃飯，於是就來了這裡。兩人吃中餐，不好點菜，少了心有不甘，多了吃不下，只能挑些不太佔肚子的菜式。

當天點的有香乾馬蘭頭、蔥油海蜇皮、椒鹽小黃魚、蟹粉豆腐、火腿淨白和鮮肉小籠包，都是些家常卻十分美味的菜。這裡的蟹粉豆腐尤其好，蟹粉貨真價實，鮮香濃郁，豆腐滑嫩，兩者組合在一起十分和諧。其他菜式亦恰到好處，手法到位，口味純正。不過翻了一下菜單，淮揚菜中的老菜、宴席菜卻基本沒有，主要以蘇浙滬家常菜式為主。

這裡有幾味小菜做得很好，比如熏蛋，恰到好處，外皮軟嫩，蛋黃溏心，一入口鼻腔裡皆是淡淡的煙熏香氣。酒糟蝦、酒糟豬肚等酒糟菜調味適中，食材裡外都透著糟香，不是浮於表面而已。香乾馬蘭頭則要看運氣，有時候選材太老，不如不吃。而火丁甜豆則一定鮮嫩，別處也有這道菜，但選的甜豆太粗大，吃進去已無甜味，還費嚼勁。留園雅敘的甜豆選的是剛成型的嫩豆子，吃進去是甜甜的汁水，配上火腿丁更是鮮香可口。

紅燒元蹄、花雕蒸青蟹、年糕炒肉蟹、清蒸鰣魚之類的大菜亦從未讓人失望。這裡的元蹄選料精道，扎實的蹄膀經過一小時以上的蒸製，然後紅燉入味，抬上來時熱氣升騰，香氣撲鼻。侍者用刀叉切分，霎時間紅潤糯軟的豬皮裂開，露出早已

上｜蟹粉豆腐

下｜火丁甜豆

入味的瘦肉，一同趺落在濃郁的醬汁中，惹得人食慾大增。

花雕蒸青蟹以花雕酒配火腿絲及少許胡椒蒸製，上桌時賣相普通，但一打開蟹蓋，酒香撲鼻，是紹興人熟悉的家鄉味道。這裡的青蟹選得肉質飽滿，蒸製後吸收了汁水更顯得潤口嫩滑。

長江鰣魚年產量極少，目前禁止捕撈。今日之清蒸鰣魚多是異國同種，若追求野生純正，則最好不要點這款，不如讓長江鰣魚活在腦海裡。吾輩生也晚矣，沒趕上長江鰣魚的好時候，留園雅敘這款清蒸鰣魚倒也可以解饞。鰣魚自古以來蒸製皆不去鱗，因其鱗片富含膠質和脂肪，高溫下部分融化，吃之前去除尚未融化的硬鱗即可。部分做法要求包以豬網油蒸製，以增其潤，但鰣魚本身肉質細嫩，油脂豐富，我認為無須包網油。宋朝的《吳氏中饋錄》中記錄有當時浙江蒸製鰣魚的方法：「鰣魚去腸不去鱗，用布拭去血水，放湯鑼內，以花椒、砂仁、醬擂碎，水、酒、蔥拌勻，其味和，蒸之。去鱗，供食。」留園雅敘以香菇片、火腿及酒釀同蒸，更添其鮮香，這裡的蒸鰣魚做得溫潤細膩，鮮中透著淡淡甜味。不過這些菜適合人多的時候點，人少時則以輕巧小菜為宜。

我去留園雅敘吃飯，常是三四人同行，因此發掘了一套適合人少時候點的菜式。留園雅敘的五香鴨舌是道熱菜，鴨舌滷得到位，上桌時肉質飽滿，咬下去鮮美多汁，較乾癟的冷盤鴨舌好吃許多。

清炒蝦仁用的是手剝河蝦仁，一顆顆飽滿富有彈性，快炒後上桌吃得出鮮嫩。不過龍井蝦仁我一般只在天香樓點，留園

上｜清蒸鰣魚

下｜紅燒元蹄

雅敍這一味做得一般，還是清炒蝦仁來得保險。

黃金蝦球，用料到位，油溫恰當，炒得鹹蛋黃起酥，包裹著鮮嫩飽滿的大蝦球，讓人直呼過癮，瞬間忘卻高膽固醇的罪惡感。八寶辣醬，味道濃郁，食材豐富，是配白米飯的絕佳選擇。

還有十分家常的蘿蔔絲鯽魚湯亦十分地道，每每喝到便想起小時候母親在家製作該湯品的場景。不過留園雅敍用的鯽魚個頭較大，一窩湯僅一尾。我家烹製時多用更鮮美的小鯽魚，不過小鯽魚的細刺更多，煲製時需用乾淨的細孔紗布包裹。

除了菜品，這裡的點心和甜品亦都在水準之上。比如我們常點的鮮肉小籠包、油炸粢飯糕、酒釀丸子、擂沙湯圓等等。端午時候，他們亦出品自家製作的鮮肉粽子，不過用的是長條包法，個頭較大，適合分食。留園雅敍的肉粽子用料到位，一剝開手已沾上油水，肥肉完全溶解在糯米裡，十分入味。至於中秋節的鮮肉月餅，則尚未有機會品嚐。

他們的餐牌不長不短，要一一吃遍也需些時日，而我們又都是戀舊之人，一坐下又點起了熟悉的菜式。因此餐牌上的許多菜品至今都未品嚐過，留待以後發掘。

原先深圳華潤大廈裡也有一家留園飯店，是香港留園飯店的分舖。因家人多數時間住在深圳，有時會去那裡吃飯。深圳留園的菜品素質整體不錯，是當地做得數一數二的蘇浙菜了。可惜二〇〇五年開業後，生意一直一般，撐到二〇一六年結業了。深圳是個迅速崛起的大都市，餐飲發展卻滯後，市場中存在逆向淘汰現象，令人惋惜。

不過生意場上總歸有起起伏伏，留園本身亦是一路風雨走

到今日。留園雅敘原是留園飯店的分店，留園飯店於二〇〇六年結業後，留園雅敘便成了最後的哨兵。一九九〇年第一代留園飯店在北角城市花園商場開業，當年北角還有歷史更為悠久的雪園和滬園，留園打響名氣後，與前兩者並稱「北角三園」。

留園飯店在做出名氣後，因租約問題搬到商場地下層，頗為難尋。忠實的熟客自然照常幫襯，但新客少了許多，生意逐漸凋零。後來在熟客的幫助下，留園飯店在一九九六年搬至灣仔的華創大廈，佔據兩層店面，一層做蘇浙菜，一層做上海素菜。據說時任華潤創業有限公司董事兼總經理寧高寧（1958- ）亦是留園飯店的熟客，給予了極大的支持。可惜時代變遷，市場競爭下，留園飯店在灣仔經營十年後，還是結業收場。

熟客們追尋著昔日的味道前來，倒也把留園雅敘給捧了起來，每日生意興隆，賓客盈門，算是續上了舊日美夢。侍者中亦不乏跟隨留園多年的老者，在這裡上海話是通行語，點菜時一說上海話就拉近了與侍者們的距離。鄉音無改鬢毛衰，多少人的青春僅在未改的鄉音中留有痕跡。

留園飯店的幕後老闆是盛毓鳳，但日常經營則由夫人及小姨子主持。如今的留園雅敘，不知誰人主理，不過少東家盛品儒（1976- ）卻常因其他事宜吸引媒體目光，這是題外話了。

世人一聽盛家名號便知道此留園與閶門外的留園有天然聯繫。一八七三年，清末首富盛宣懷（1844-1916）的父親盛康（1814-1902）從蘇州劉氏手中購得荒蕪的寒碧莊，經過三年修正、擴建，修繕成佔地面積達五十畝的園林。寒碧莊因主人姓劉，因此坊間又稱之為「劉園」，盛康順勢將其改為「留園」，

從此該園林便以留園揚名於世。

盛家自盛康起，家業逐漸興盛。盛康當年在湖北任上結識李鴻章，成為好友，後其長子盛宣懷被李鴻章招為幕僚，輔助其辦理洋務運動，成為中國一代官商、實業家及清末首富。俗話說富不過三代，盛宣懷死後，子輩多揮霍浪費，敗家至極，最後家道逐漸凋零。

盛宣懷四子盛恩頤（1892-1958）乃留園雅敘店東盛毓鳳的父親，其年少時留學英美，回國後繼承家業，擔任漢冶萍煤鐵廠礦公司總經理，宋子文（1894-1971）曾是他的秘書。但他嗜賭成性，上海灘傳聞其曾一夜輸掉老北站一帶上百套房產。盛恩頤雖早年常事慈善，但日本侵華時期親日，且揮霍無度，家道敗落。解放後，盛家多數財產收歸國有，僅留蘇州留園門口的盛家祠堂及四間舊屋。盛恩頤晚景十分淒涼。盛家其他子孫亦四處漂泊，為生計奔波。

不過瘦死的駱駝比馬大，盛家雖敗落，但畢竟名望尚在。子孫各自經營，又逐漸建立起了家業。第一個投身餐飲的是盛毓鳳的哥哥盛毓度，他當年留學日本，但後來困頓在香港。世上真是有傳奇，當年盛恩頤在英國留學期間與一英國女子育有私生女，回國時拋棄了母女倆。結果該女子改嫁金礦主，金礦主無子女，盛恩頤的私生女便這樣繼承了一大筆財產。其母親生前告知生父姓名，她赴港尋親時才得知生父已逝，但尋得同父異母的盛毓度，並資助他赴日創業。

一九六一年盛毓度在東京開設了第一家留園飯店。據說飯店有四層樓高，金碧輝煌，且提供的菜式不局限於蘇浙菜。當

炸菜飯糕

年生意興隆，高朋滿座，日本前首相中曾根康弘亦曾是座上賓。留園飯店四字看似簡單，實則飽含對家族歷史的緬懷。此留園非彼留園，一切懷念只能在異國他鄉的杯碟流轉中消磨。

盛毓度還曾舉辦「留園杯」圍棋賽，當年聶衛平和馬曉春都是參賽者。可惜八十年代，日本經濟泡沫破裂，留園飯店經營不善結業，轉而經營房地產。留園飯店結業後，盛毓度將一部分東京留園飯店遺留的裝飾及一些款項捐給祖父創立的上海交通大學。交通大學在閔行校區復建了留園飯店，現在還能從建築外觀上追憶當年的輝煌，裡面做的菜則已無關。

盛毓鳳於一九七八年來港，早年以建材生意發家，賺足家

本後，於一九九〇年開設了香港第一代的留園飯店，這一段往事前文已表。以上便是盛家留園飯店的幾段掌故。

留園好比一個家族暗號，無論是在內地還是香港，中國或是日本，亦或去到更遠的地方，這都是盛家人無法割捨的家族記憶。留園雅敘也不僅僅是一個蘇浙菜館，而是歷史迴響中傳來的一聲依稀樂音。

我來港至今，留園雅敘的菜品素質一直維持得不錯。二〇一八年新裝修了之後反而有些不穩定起來，菜單裡投本地食客所好，加了些不倫不類的食材和菜式，比如紅燒喜知次魚之類的。蘇浙滬盛產東海海鮮及淡水河鮮，吃得是鮮美清雅。像喜知次這樣的肥膩魚種，無論如何都不合蘇浙燒法。留園在港創業近三十年，作為食客，我希望它可以牢牢本味，讓老主顧們有一處可找尋的留園。

註

1. 寫於二〇一九年三月十日；基於多次拜訪；寫作前一次拜訪於二〇一八年三月；部分內容參考自宋路霞著《盛宣懷家族》一書。

北國鄉愁緩解計劃 ¹

泰豐樓、
阿純山東餃子、
有緣小敍、
巴依餐廳

真正的北國味道並不是一成不變。
不同時期開在香港的北方菜館
亦都各有千秋。

　　香港作為一個移民城市，自開埠以來，各地來港者不斷，
其中不乏北方人，他們或因命運或因機遇；或合法移民或偷
渡，在不同時期來到香港。這一批一批的北方移民在香港生活
繁衍，融入到本地社會中，形成了香港人口中的北方基因。此
處所說的「北方」乃指秦嶺淮河以北的地區，而非粵人刻板印
象中的韶關以北。

　　要在香港尋找北方移民的歷史印記並不困難。香港作為一
個港口，各地海員在此逗留居住十分平常。第二次世界大戰
（下簡稱：二戰）前石塘咀一帶乃花街柳巷，更是長途寂寞的

海員們的解渴處。時間久了，石塘咀逐漸成為北方海員的聚居地，很多人便就此留下，將他鄉變為故鄉。

近來成為了創意中心、文青集散地的元創方PMQ，先前是香港已婚警察宿舍[2]，再往前追溯則是香港首間官立中學——中央書院[3]。二戰時中央書院校舍被毀，書院幾經波折搬至銅鑼灣；政府於戰後將書院原址改建為香港已婚警察宿舍，直到二〇〇〇年政府計劃重新發展這一建築前，此處都居住著已婚警察及其家屬。之後居民陸續搬走，此處空置多年，至二〇一四年才正式以元創方之名對外開放。

當年居住在已婚警察宿舍中的人，有些默默無聞，有些成為了特首[4]。在這些警察後代中，有很大一部分人祖籍山東威海。一九二二年，香港海員大罷工，港英政府從同是英國殖民地的威海招募了許多山東籍警察，列為D隊[5]。山東與香港隔著數千里河山，他們的父輩因為這樣的人生際遇而在南國成家立業。一開始由於語言不通，這些山東警察多被安排到新界等市鎮工作，或擔任交通警。經過努力和打拚，他們逐漸站穩腳跟，並開枝散葉，把香港變成了自己的家。

抗戰前後，內地政治形勢動蕩，一些有條件的北方士紳紛紛南遷，很多人都選擇香港作為暫時的落腳點。體面的外省人多住在尖沙咀一帶，為該區帶來了巨大的消費力，尖沙咀逐漸成為香港最繁華的商業區之一。

一九七四年前港英政府對非法移民並無固定政策，偷渡來的人有安然在此地生根者，也有被遣返的。至一九七四年十一月抵壘政策實施後，偷渡者只要成功抵達界限街以南的市區就

可獲得香港身份。該政策導致七十年代中後期香港迎來最後一次偷渡大潮，這一時期香港亦湧入不少北方移民。由於偷渡人數過多，一九八〇年港英政府取消抵壘政策，實施即捕即解。

內地改革開放後，亦有不少新移民來到香港。香港回歸後實施的優才計劃、投資移民等等，也讓香港社會更為多元化。

雖然香港人口構成複雜，但主體依舊是嶺南人，飲食上多興粵菜，兼顧蘇浙，北方菜館則較少。大量北方移民來港，思念家鄉飲食，唯有自行開店，逐漸形成了香港北方菜館的基礎。

二戰前後，香港一度北方菜館遍地開花，中環、灣仔和尖沙咀都可見到北方菜館。比如一九四二年在梁實秋支持下，北京著名的豫菜館厚德福在皇后大道開設了分店。但北方菜館最集中的地方還是尖沙咀，在張愛玲編劇、雷震[6]主演電影的時代，這裡名餐廳彙集，各家餐廳都使出十八般武藝，務必為香港的食客帶來最精彩的京魯菜。諸如東興樓、燕雲樓、松竹樓、豐澤園、仙宮樓、樂宮樓、洪長興、楓林閣等等的名店，可謂夜夜笙歌，賓客盈門。

隨著人口變遷，商業競爭激烈化，這些老字號一家家執笠。仙宮樓後人接班，為了扭轉頹勢曾開設意大利菜，後來又賣掉店面搬去西環，最終依舊結業收場；灣仔的美利堅京菜館經過近七十年經營，老掌櫃離世，後人接班力不從心，亦在二〇一八年結業，自有樓面倒升值了許多倍……租舖經營的早已消失在商業社會的塵埃中了。吾生也晚，這些老餐廳都只聞其名，未能品嚐其菜品。

後來以美心集團的北京樓為代表的新派京菜館興起，這些

餐廳多還就當地人口味，菜品大多本土化，莫說其他菜品，連個北京烤鴨都做不好，何來臉面自稱「北京樓」？這些新派北方菜館常兼營蘇浙菜和川菜菜品，是如今在香港街頭隨處可見所謂「京川滬」菜館的濫觴。這類餐廳將多地菜式混為一爐，一個菜館可做多種菜系的名菜。術業有專攻，兼顧所有者往往都做成四不像。這更讓人懷念起那些老字號的京魯菜館了。

幸好一些在京魯菜興盛期末開業的老北方菜館至今還在營業，比如尖沙咀的泰豐樓[7]和鹿鳴春便是其中的代表。鹿鳴春會單獨討論，在此略過不表，單說這一家泰豐樓。若聽名號，以為是北京「八大樓」之一的老字號泰豐樓的分舖，其實兩者並無關聯。

泰豐樓

香港泰豐樓於一九六一年元月十五日開業，彼時旅居香港的張大千為其親自題名。如今走進泰豐樓，可以看到數量眾多的名人字畫，除了張大千題的店名，還有愛新覺羅・溥傑（1907-1994）的題字；王世昭等幾位雅士畫的《五瑞圖》；還有許多未及細看的書法和繪畫作品。這些收藏裡，有數十年前的墨寶，也有新近的作品，密密麻麻掛滿牆面。樓梯平臺上還有一個個黃酒缸，據說當年泰豐樓的花雕也是出名得好，現在今非昔比了。

搬來香港的第二年，冬日降溫的幾天頗為想念北京的銅鍋

涮肉。雖然知道香港也有東來順，不過用的是電爐子，還兼賣些淮揚菜品，因此不想去。後來發現尖沙咀的泰豐樓在冬日竟然有傳統紫銅炭鍋涮羊肉，於是約了個北京朋友一道去打牙祭。

冬日的晚場大概是泰豐樓生意最火爆的時候，還未上樓便覺人聲鼎沸。一張張紅檯布桌子上都立著高聳的銅火鍋，看色澤已使用多年，顯出一絲滄桑感。為了引導熱氣上流、調節火力，每個銅鍋上都套著拔火管（如今北京的涮肉銅鍋和拔火管一般是一體的，分開的很少見），顯得銅鍋十分瘦長，拔火管口冒著一陣陣熱氣，令人身子一下子熱了起來。香港的冬日雖然很短暫，但此地濕度高，一旦降到攝氏十五度以下便覺得寒冷，是吃涮羊肉的好時候。

點好羊肉、毛肚、腐皮等涮品後，我們便去拿醬汁。這裡的醬汁雖然也是麻醬、腐乳及蔥蒜為主，但不見我想念的韭菜花醬；除此之外，還有魚露（大約替代滷蝦油）、黃酒、醬油和香油等調料，供食客選擇，港人謂之「混醬」。如今在北京，調製獨特的麻醬小料是店家的工作，而且是每家名店的商業機密，這裡讓客人自己動手混醬，出來的結果自然不及北京名店的濃郁鮮美，又無糖蒜可配，清口小菜只有麵糊放得偏多的辣白菜；也吃不到如聚寶源水準的小燒餅，只有空殼叉子燒餅，這些都是無可奈何的了。

最令人遺憾的倒是羊肉本身，用的是新西蘭羊肉，不分部位，菜單上只一件「羊肉」，什麼上腦、腱子、黃瓜條、羊磨襠和羊三叉之類的報菜名功夫全然用不上。新西蘭羊肉肉質不及內蒙古羊肉豐腴細膩，加之冷藏到港，新鮮度已不足，涮完

上｜銅鍋涮肉（攝於泰豐樓）

下｜鹽爆牛羊（攝於泰豐樓）

之後顯得乾身老硬。對同行的北京朋友而言，在這裡吃涮羊肉只是聊以慰藉鄉愁之法，要吃到絕好的北方涮羊肉則不太現實。

不過泰豐樓的鹽爆牛羊做得不錯，清鮮適口，芫荽梗、大蔥絲清甜鮮香，牛肉和羊肚一個嫩一個脆，十分開胃。所謂鹽爆，其實應該寫作芫爆，因其需先爆香芫荽梗。南方人一聽「爆」肚仁兒之類，就以為是炒，其實這裡的爆字並不一定與炒有關，可以鹽爆、油爆也可以湯爆，其中湯爆就是湯煮並無炒製；鹽爆不勾芡，較油爆更為清爽。泰豐樓給鹽爆牛羊配了一碟滷蝦油，一般湯爆才需要用這做蘸水。同樣做法的還有鹽爆管廷，是這裡的名菜。管廷即豬黃喉，為豬的主動脈，烹製前需仔細清洗，並拖水去掉多餘油脂，改刀亦考驗刀工，最後便是火候技巧，實乃功夫菜。

之前去泰豐樓，還吃了些其他菜式，都顯得一般，做得較為粗糙，味精也沒少用。按理說，如此盛名的餐廳當年應該出品精細，不至於在燒雙冬裡放這麼多醬油和蒜末，又勾上極厚的芡汁，令人完全吃不出冬筍和冬菇的味道。砂鍋豆腐裡的食材未精細改刀，與北京砂鍋居以前的老方子一比，這豆腐少了釀的步驟，高湯也不到位，感覺像一鍋亂燉；鹽下得重，加上不少味精，吃完口乾舌燥。食材用得也不考究，冬筍一吃便知不新鮮；而宮保蝦球的蝦也不是活的。前幾年泰豐樓還出過幾次食客食物中毒的意外，看來這五十多年的老店有些每況愈下的意思了。

前些年幾個泰豐樓的師傅出去自己單幹，在西環開了家好客山東，後來搬到上環。主要做的是山東餃子、燒雞，以及一

墨魚餃子（攝於阿純山東餃子）

些麵食小菜，與泰豐樓所作的京魯菜和官府菜已大相徑庭。經營家鄉小菜似乎成為目前許多北方移民進軍餐飲的主要路徑，畢竟所謂官府菜在這個年代有些曲高和寡，技術和資金要求都更高，做些北方日常菜品更容易生存，亦可解自己的鄉愁。

阿純山東餃子

比如我家附近的阿純山東餃子，連續幾年都被港澳米其林選為必比登餐廳，亦是我常拜訪的一家店。店東王先生是山東人，店名簡單粗暴，直接以自己名字命名。這裡主營各式山東餃子，兼顧一些小菜。阿純雖然現在不怎麼擀皮包餃子了，但

多數時候他都在店裡，像一個品控員監督著出品。

這裡的餃子選擇頗多，有傳統的豬肉白菜、鮁魚、京蔥羊肉、茴香等餡料的，也有西洋菜豬肉、鮮蝦帶子等選擇，十幾種餃子裡總有幾款可以讓人眼前一亮的。他們的餃子完全手工製作，從麵皮的擀製到包餃子，再到煮餃子，每一步都展示在客人面前。剛煮好的餃子熱騰騰，一口進去皮薄餡多，裡面還鎖有汁水，確實美味。傳統山東餃子都為水煮，但這裡亦可做煎餃也可改湯餃，這讓我想起家鄉吃法。浙東吃餃子一般是蒸餃或湯餃，也有做煎餃的，直接水煮則屬於居家簡易之法。

香椿炒雞蛋、酸辣土豆絲、山東手撕雞等小菜亦是我常吃的，尤其是土豆絲，切得細緻，洗去澱粉質後才炒，出品十分脆嫩，而且酸酸辣辣非常開胃。不過菜單上一些川味菜式和麵食就做得一般了，只是為了兼顧本地食客需求，我基本都會繞過這些，只點最山東的菜品。

阿純開業近十年，見證了香港的一波北方餃子館熱潮，現在無論是九龍還是港島，都開了各式餃子店。以前在中環上班，中午還會去同是山東人開的北方餃子源買水餃吃。在北京讀書的時候很少吃餃子，反而來了這南國卻對餃子更有感情。

中國北方之大何止華北，尚有東北和西北，各地飲食大不相同。東北菜我吃得較少，香港老字號的名店裡未有以東北菜標榜者。另外，近幾年在香港開了一些吃麻辣香鍋的餐廳，而麻辣香鍋屬於北方臆造的川味菜品，它的身份認證十分不明朗。在經營麻辣香鍋的餐廳裡亦可吃些北方特色的菜品，但總歸是不慍不火，缺乏力度。

有緣小敘

　　說起香港的西北菜則不可不提有緣小敘。有緣小敘當年靠著渡船街那數平方米的極小店面和香港少見的陝西風味，打響了自己的名頭。不僅被港澳米其林列為必比登餐廳，而且生意興隆。初次去時午市尚未開業，門口已排起了長龍。在渡船街經營五六年後，店面從陋室換到了文苑街的現址，還在中環開了分店。

　　店東羅曉玉是西安人，二〇〇〇年嫁給香港人後移民來港，一直想開家鄉小吃店的她與丈夫理念不合，最終離婚。幸虧後來遇到相知之人，支援她開設了這家西安小餐館。有緣小敘的故事是新移民在香港落腳生根、獲得認同感的現代都市故事，而不是泰豐樓那種舊時代遺事。

　　既然是做西安小吃的，涼皮、肉夾饃自不可少，臊子麵、biangbiang 麵[8]、油潑扯麵、羊肉餃子和滷驢肉亦有供應，不過因為原料問題，羊肉泡饃這麼重要的一道西安美味卻沒有。

　　這裡的西安小吃雖然味道上大體維持了原貌，但細節上已做了改動，本來扎扎實實一大碗的西北麵食，在有緣小敘變得十分小巧；油潑扯麵裡頭配的蔬菜也不是小白菜而是唐生菜；油潑生蒜變成了炸過的蒜蓉，有點避風塘手法的意思；麵裡面還可配金沙排骨、雞翅、脆海苔等等配料，發揮了一定想像力。

　　岐山臊子麵講究顏色搭配，臊子色澤紅亮，麵條滑溜勁道，配料改刀細緻，麵湯酸辣燙口。但有緣小敘的版本湯色太

上｜肉夾饃（攝於有緣小敘）

下｜Biangbiang 麵（攝於有緣小敘）

深，湯量太大，配料色澤不和，食材切得太粗，中間還有碩大的土豆片和唐生菜，讓人大吃一驚。這裡的肉夾饃比西安的小了一號，整體顯得油膩。白吉饃烤得一般，吃上去很死，外皮不脆，內裡不潤；臘汁肉裡雖沒加亂七八糟的東西，但肉味不夠濃郁，肉汁不夠豐富，與好的肉夾饃相距甚遠。此處的小吃雖能解饞，但畢竟不是長安風骨。

巴依餐廳

要吃新疆口味，在香港亦不是沒有辦法，可以去西環的巴依餐廳。老闆馬先生是新疆的回族同胞，先前據說在滬上開過新疆餐廳，後來定居香港，便在十多年前開設了這家巴依餐廳。「巴依」二字是維吾爾語「貴賓」的意思，意味著歡迎四方來賓。這裡的廚師雖不是新疆人，但對新疆物產和烹飪十分熟悉，因此整體的味道維持得較好。

羊肉自然是這裡的主打，不過原料不是新疆空運的，店主怕香港同胞吃不慣新疆羊肉，選用了新西蘭羊肉。由於整羊入貨，品質比較有保證；但最近去，據說已使用新疆羊肉。去吃了幾次手抓羊肉、烤羊肉串、羊肉水餃等菜式都覺得美味。除了例牌菜式，還可以預訂烤全羊，需要人多時方吃得了。

這裡也提供諸如大盤雞之類的新疆漢族菜，分量十足，味道並未遷就本地人改良，令人一嚐如故。還有手抓飯、烤饢和拉條子等風味地道的新疆主食，是每年偶爾想起新疆菜時的打牙祭處。酸奶亦濃郁美味，配合口味較重的菜品，正好解膩。

上｜手抓羊肉（攝於巴依餐廳）

下｜烤羊肉串（攝於巴依餐廳）

不過此處沒有鹹奶茶喝，估計是考慮了本地的接受度。

近十多年，越來越多的內地學子來港求學，其中亦不乏北方人。許多人畢業後都留港工作生活，成為了所謂的「港漂」一族。我本人對「港漂」二字並無認同感，只因香港本身就是因移民而興起的熔爐之城，客主難分，每個人都可在這裡找到自己的一絲歸屬感，何必給自己貼上標籤？在此地定居的年輕人，亦有參與餐飲行業的，這些年多多少少也開了些新的北方館子，是他們解鄉愁與謀生並行不悖的法子。

真正的北國味道並不是一成不變。不同時期開在香港的北方菜館亦都各有千秋，老中青三代各不相同，既可有古早的老派味道，亦有時代變遷下形成的新口味。唯有偶然來襲的鄉愁是亙古不變的文人命題，而世俗者最直接的鄉愁緩解計劃便是去找家鄉美食吃。

註

1. 寫於二〇一九年三月十三至十七日；基於多家餐廳的多次拜訪。
2. PMQ 本身便是 Police Married Quarters（已婚警察宿舍）之縮寫。
3. 現為皇仁書院。
4. 前特首曾蔭權的父親為警察，其與弟弟曾蔭培在此處長大；前特首梁振英祖籍山東威海，為山東籍警察後裔，幼年居於此處。
5. 當時港英政府警隊分 ABCD 四隊，A 隊以英國人為主；B 隊為印度籍；C 隊為廣東籍華人；魯警屬 D 分隊。
6. 雷震（1933-2018），本名奚重儉，英文名 Kelly，上海浦東人，香港男演員，在香港國語影壇素有「憂鬱小生」之稱。
7. 店名泰豐慶，「豐慶」兩字為異體字，文中稱為「泰豐樓」。
8. Biang，是一個生造字，多認為其為擬聲詞，但起源未有定論。在陝西流傳著十餘種寫法，每一種寫法皆有相應歌謠幫助記憶。此處列示之版本相對應的歌謠如下：一點飛上天，黃河兩道彎，八字大張口，言字往裡走；左一扭，右一扭；左一長，右一長；中間夾個馬大王。心字底，月字旁，留個鉤搭掛麻糖，推個車車逛咸陽。

不知有漢 [1]

鹿鳴春

老舊的招牌是時光的印記，
是逝去年代的迴響，
是需要珍惜的城市記憶。

　　在談香港的北方菜館時提到了有名的鹿鳴春，這是本地為數不多還保持著一定水準的老字號京魯菜館。

　　以「鹿鳴春」三字為名的餐廳不少，歷史最悠久的當屬一九二九年在瀋陽開業的鹿鳴春，專做高級遼寧菜。晚近的有一九九五年開始在紐約法拉盛創業的鹿鳴春，是家蘇滬風味的小館，生意據說不錯，還開了幾家分店。香港尖沙咀的鹿鳴春正好夾在兩者之間，創業於一九六九年，至今也有五十年歷史了。三家鹿鳴春除了同名，毫無關聯，取的都是《詩經》的《小雅‧鹿鳴》起興之句「呦呦鹿鳴，食野之蘋。」《鹿鳴》乃國君宴請群臣的好客之詞，用作餐廳名字確實恰當。

　　來港沒多久便聽聞鹿鳴春的大名，畢竟它那碩大的霓虹招

牌在尖沙咀閃爍,走過麼地道的人很難無視它。不過我在北京得了老字號恐懼症——內地的國營老字號常常徒有其名,出品早已沒有了原先的風采。香港的老字號雖然沒有被國營化毀掉員工積極性,但在高昂地租、殘酷商業競爭,以及後人傳承水準不一的背景下,亦都難以撐過兩代人。有些老字號做得越來越粗糙,讓人不知道當年為何受人讚譽。因此久久未去鹿鳴春一探究竟。

後來看蔡瀾先生推薦鹿鳴春,讓我有了不少興趣,尤其看到諸如北京烤鴨、糟蒸鴨肝、芙蓉雞片、京燒羊肉、芫爆管廷、清炒蝦仁、糟溜魚片、鍋燒元蹄、山東大包及高麗豆沙等傳統菜名便讓許久不吃京魯菜的我大咽口水。又想到他極力推薦的天香樓是這等出色,於是決定與朋友一試。

第一次去鹿鳴春時正值深秋,香港的秋日依舊有些熱,但秋風颯爽,濕度相對降低些,沒有夏天那麼難受了。心想鹿鳴春的菜式大多分量較足,於是叫了七八個朋友同去。尖沙咀乃香港人口密度最高的區域之一,這裡近年來南亞人聚居,已非二戰後富裕外省人的居住地了。鹿鳴春所在的麗東大廈歷史悠久,而鹿鳴春白底紅字的招牌似乎也幾十年未曾換過,散發著與大廈相稱的年代感。上到二樓,推開老舊的推拉門,裡面是一派熱鬧的用餐場景,沒想到午餐時間生意也這麼好,幸虧提前訂了位置。

入座後叫了茶水,幾位朋友陸續到齊。鹿鳴春的菜單不厚,但一行行密密麻麻寫著各式菜品,讓人眼花繚亂,第一次來真可能不知道該怎麼點。保險起見,我在訂座時就按照蔡瀾

先生文章裡的推薦菜品，與經理商定好了菜單。北京烤鴨自然要有，小菜則配了糟蒸鴨肝、賽螃蟹、炒雙冬，湯菜點了招牌的雞煲翅，主菜則是鍋燒元蹄，主食是山東大包子，甜品以高麗豆沙收尾。一頓飯下來，大家都吃得十分飽足，亦領略了不少經典菜品的風采。若有食客第一次去，大概都可以這麼點，基本不會出錯。

鹿鳴春的北京烤鴨是招牌菜，與八十年代興起的新派烤鴨不同，這裡的烤鴨基本維持了傳統食制，使晚輩如我者亦可一嘗老派烤鴨的味道。看梁實秋先生的文章可知，北京烤鴨原先在北京只叫燒鴨子，現時則以「烤鴨」為通行名。

現在流行的新派烤鴨選的鴨子個頭較小且脂肪含量較少，據說是因為現代人怕油膩而做的改良；一些店家處理鴨子時不再吹氣，烤好後的鴨子精華部分是脆薄的鴨皮，多興沾砂糖食用；片鴨子時胸脯皮單獨片出，皮肉分開；吃鴨的佐料亦較傳統烤鴨增加許多，甚而有出格者用跳跳糖、柚子肉和朝鮮泡菜等作為吃鴨子的佐料，花樣層出不窮。

在鹿鳴春吃烤鴨，配料十分簡單，一碟濃稠的自製甜醬，一碟大蔥絲和黃瓜絲，再加一碟荷葉餅，再無他物。喜歡吃空心芝麻餅的可以單點叉子燒餅。這裡的蔥絲和黃瓜絲改刀較粗，配鴨子後味道釋放得很充分，較細絲更有風味。

香港只有養雞場，並無鴨場，因此鹿鳴春選的是東北填鴨，條件限制只能是冰鮮，不過出品效果不錯。東北填鴨脂肪豐富，皮薄肉厚，較廣東鴨子更適合做北京烤鴨。鴨子在烤製前需要做複雜的預處理，首先要吹氣，泵得鴨子皮肉分離，然

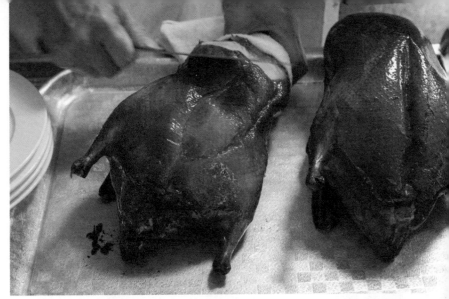

北京烤鴨

後過熱水去除表皮油脂，再刷糖水，掛於通風處風乾三小時以上，才可進行烤製。烤鴨一上桌，師傅稍作展示就開始片，即便你想好好拍幾張照片，老師傅也不會搭理你，畢竟菜品的溫度是極其影響口感的。據說鹿鳴春有位劉師傅開店時便在，至今已五十年，熟客們都要求他親自片鴨子。不過不知道老師傅退休沒有，我們去時從未深究哪位師傅片鴨子的問題。片好的鴨子擺成一盤，連皮帶肉，切得較厚實，也沒什麼擺盤可言。服務員放下盤子，讓我們趁熱吃，於是大家紛紛動起筷子來。

第一口先不包荷葉餅，一嚐發現鴨皮亦十分脆，鴨肉汁水豐富，一口下去油脂豐腴，十分美味，真與在北京常吃的新派烤鴨不同。第二口則包著荷葉餅吃。這裡的荷葉餅不是蒸的油餅，而是烙出來的老式荷葉餅，較現在流行的荷葉餅更厚，口感偏粉，容易飽肚，我個人不是十分喜歡。不過鹿鳴春的甜醬真是美味，密度適中，鮮甜平衡，配烤鴨正合適。這麼一來二去，一隻鴨子很快就被大家分完了，至於剩下的鴨架子可做鴨湯，那日太飽便罷了。

後來再去時，嚐了下鹿鳴春做的鴨架湯，鴨味十足，湯色奶白，配上大量津白，真是解膩消食的利器。以前在全聚德點鴨架湯，最後上來的是一盆子寡淡的湯水，不知道和鴨架有什麼關係。因而以為所謂一鴨兩吃都是噱頭而已，直到喝了鹿鳴春的鴨架湯才知道原來這鴨架是真有用的。

除了北京烤鴨，這裡的一味京燒羊肉亦做得很好。雖然用的是新西蘭羊肉，但出品的效果卻令人印象深刻。初入口羊肉外層酥脆，中間油脂豐富，裡面肉質嫩滑多汁，且不油膩。想

起梁實秋先生曾寫的燒羊肉，大概就是這樣的口感了。鹿鳴春的京燒羊肉做法上與梁實秋當年的記載有所不同，這裡是先醃後蒸製，最後油炸切條上桌。

還有道香港所有京魯菜館都有的小菜賽螃蟹，也屬鹿鳴春做得最細緻。先炒上漿的黃花魚肉，再入蛋白混炒，配以薑醋，自然有種螃蟹的口感和味道。不過在香港，如此製備賽螃蟹大概還是直接買螃蟹吃來得輕鬆吧？

所謂京菜，受了許多魯菜的影響。舊時活躍在北京餐飲市場的主要是山東人，早期各式名餐廳大多是煙臺幫，濟南幫興起則較晚。香港的京魯菜館多數也是山東同胞開的，鹿鳴春亦不例外。

創始人王鎮鼎先生是山東人，在政權更迭之際與妻子王惠麗搬來香港。當年尖沙咀一帶是生活條件較好的北方移民聚居地，這裡更是名噪一時的電懋電影公司所在地，可謂明星名流雲集。本想繼續學業的王鎮鼎因手頭拮据，需要半工半讀，於是在一家北方菜館當侍應，妻子王惠麗則在當年著名的東興樓做樓面。後來王氏夫婦與幾位山東同鄉獨立開設了樂宮樓，還挖到了東興樓大廚張傳繹坐鎮。樂宮樓後來因租約到期而結業，後來他人在美麗華酒店樓上復開了樂宮樓，這是後話了。在經過這麼些摸爬滾打後，王鎮鼎於一九六九年開設鹿鳴春，這便是鹿鳴春的來歷。

開業後鹿鳴春生意一直興旺，攢了些錢的王老闆便一家家地把麗東大廈二層全給買了下來，成為鹿鳴春經營至今的最大本錢。隨著日本戰後經濟的騰飛，世界各地都是日本遊客，香

港亦不例外，鹿鳴春自七十年代末開始接待大量日本客人。於是八十年代初王鎮鼎與起士美卡（JCB）公司合作，成為香港最早一批接受 JCB 信用卡的餐廳，之後鹿鳴春在日本食客中的名氣越發大了。時至今日，鹿鳴春仍然受到日本出版的各類香港旅遊指南追捧，在這裡吃飯常可聽到日語，菜單上亦體貼地列出了日語譯名。

鹿鳴春的生意傳至第二代人，經營理念有了新的變化。主理人將部分股份賣給服務餐廳數十年的老員工，因此核心員工都成了餐廳股東，既是打工仔又是老闆，自然對餐廳的事務更為上心。因此鹿鳴春的阿叔阿姐們對工作都十分投入，他們熱情好客，點菜時不忘積極給出建議，聊得高興了與客人扯扯家常，並奉送水果。每次來鹿鳴春都人聲鼎沸，賓客盈門，生意好得不得了，是香港老字號中最具活力的一家，這與侍應們的工作狀態不無關係。

既然是山東人創始的菜館，魯菜自然不能差，這裡的幾款經典魯菜十分出彩。糟蒸鴨肝是與烤鴨配套的小菜，我比較愛吃芥末鴨掌和火燎鴨心，但鹿鳴春沒有提供，便用糟蒸鴨肝補位。這裡的酒糟不是製酒後的糧食殘渣，盛產黃酒的紹興地區有多種用酒糟製備的菜品，如糟雞、糟鴨等。

魯菜用的糟是香糟曲與黃酒和桂花滷炮製釀成的香糟滷。蓋因魯菜多爆溜之法，有利於糟滷香氣的發揮。糟蒸鴨肝就是一道山東菜，鹿鳴春用新鮮鴨肝，配以糟滷、花雕酒及調料混合而成的糟汁蒸製。這道菜火候掌握得極好，鴨肝細膩潤滑，酒香撲鼻又不搶鴨肝的美味。

上｜京燒羊肉

下｜糟蒸鴨肝

說起糟滷菜就不能不提魯菜館必有的糟溜魚片，許多年前在北京同和居飯莊吃過，印象深刻，來港許多年才又一次在鹿鳴春品嚐。這裡的糟溜魚片賣相不夠美觀，照理黑木耳應若隱若現伏於盤底，魚片雪白細膩呈於盤面，鹿鳴春的醋溜魚片直接木耳和魚片平分秋色了。不過味道可以，鱖魚片油泡後，以調味後的清湯爆熟，出品魚片滑嫩，木耳脆口，酒糟香甜，芡汁適中，是道很開胃的菜式。這裡的清炒蝦仁也不錯。青蝦仁上漿均勻，肉質飽滿，配些蔥末快速出鍋，入口彈牙脆嫩。

　　本地人說起鹿鳴春，總難免提到它物美價廉的雞煲翅。雞煲翅的做法便是砂鍋魚翅的做法，用老雞、火腿等原料吊出來的高湯燉煮預早處理過的大排翅，每鍋魚翅都加入一隻整雞再次燉煮，煮到雞肉鬆軟垮塌，雞骨都軟爛時，魚翅即已入味。一鍋雞煲翅上桌時，湯還在沸滾，香氣瞬間鋪散開來，全桌皆可聞到。侍者利索地為客人分餐，拿到手裡時湯還十分燙口。舊時魯菜館的吃法，砂鍋魚翅配油炸饅頭片，但油炸饅頭油大，吃多膩口。鹿鳴春用的是烤饅頭，外皮酥脆金黃，內裡蓬鬆，蘸翅湯吃十分鮮美。當年北京豐澤園的砂鍋通天魚翅十分有名，所謂「通天」者就是滿鍋都是魚翅，底下未用其他食材鋪底，是魯菜館的行話。鹿鳴春的雞煲翅亦可說是通天魚翅了。

　　鍋燒元蹄需要人多時才能點，紅燉好的元蹄油炸至表皮起酥上桌，這時外皮酥脆，裡面糯軟多汁，十分誘人。可惜元蹄油脂豐富，吃到後來太過肥膩。鹿鳴春的炒雙冬好過泰豐樓一大截，無論調味還是勾芡都恰到好處。還有現點現做的山東大包，要十個起叫，落單後白案師傅 [2] 才製作，因此需要等候片

上｜雞煲翅

下｜烤饅頭

刻。包子上桌時發現比我手掌還要大，面皮鬆軟，餡料充足，十分美味。不過這包子太大，若前面吃了許多菜式，最後定然是吃不完的。

雖然鹿鳴春的甜品有不少選擇，但每次侍者都會推薦高麗豆沙，可謂他們的招牌甜品。所謂高麗豆沙，在香港也常寫作「高力豆沙」，但似乎與高麗並無太大關係。這道甜品的原型是回民小吃炸羊尾，原本是用羊尾肥油做餡料，外面裹著高麗糊炸製。但羊尾味道腥膻油膩，於是逐漸改良為豆沙餡。在北京這道甜食依舊稱作「炸羊尾」，而且還流傳到了其他地區。比如浙江臨海的炸羊尾幾乎與北京的一模一樣，而四川的沾糖羊尾則與北京的大不相同了。

店家大概擔心炸羊尾這個名字會令香港食客誤解，於是將其改為直白的高麗豆沙。高麗主要得名於外面的高麗糊，乃用充分打發的蛋白與太白粉混合而成。因其色澤雪白，在東北又稱「雪衣」。豆沙捏成小粒，用筷子夾住包裹麵衣後入熱油炸製即成。鹿鳴春的高麗豆沙外皮蓬鬆綿軟，豆沙甜度適中，吃多兩個亦不覺甜膩，確實是不錯的甜品選擇。

那日與服務我們桌的侍應阿姐聊天，得知她來自上海，已在鹿鳴春工作二十多年；而出來打招呼的陳經理則是本地人，此處可謂是香港這座移民城市的歷史見證。五六十年代北方餐館的流行大潮早已過去，近幾年開來的新派京魯菜高不成低不就，一對比反而越發顯得鹿鳴春這樣的老館子彌足珍貴。

麗東大廈的牆面斑駁脫落，顯得分外老舊滄桑。華燈初上時，鹿鳴春的招牌準時亮起，繼續照耀著尖沙咀。老舊的招牌

是時光的印記，是逝去年代的迴響，是需要珍惜的城市記憶。
五十年時光倉促過去，作為食客，只希望鹿鳴春可以繼續維持
水準，為新客熟客提供記憶中的京魯菜。

註

1. 寫於二〇一九年三月十七日；基於多次拜訪；寫作前一次拜訪於二〇一九年三月。
   鹿鳴春目前已結業。
2. 指製作主食、點心及小吃的廚師。

不拘一格談中餐

富臨飯店阿一鮑魚、
新漢記飯店、
唐人館（置地廣場）、
永、
新榮記（香港分店）、
甬府（香港分店）、
鄧記川菜

此地可說是地域文化的熔爐。各地菜式在這裡生根發芽，經年累月形成了現在多樣化的中餐格局。

　　作為一個移民城市，香港彙集了五湖四海的飲食文化。主流的粵菜自不必說，高級飯店和市井餐館和諧共存，老牌餐廳與新派食肆平分秋色。蘇浙滬菜系在香港立足已久，近幾年除了本地的老牌蘇浙菜館，內地的著名品牌也陸續進駐，為香港蘇浙滬菜的版圖開疆擴土。而其他外省菜也出現一些新氣象，

更為正統而不一味妥協於本地味蕾的外省菜館也開始增多。

香港的中餐格局過去十年可謂是不拘一格降人才,令人看到可喜的發展。雖則寫了不少餐廳,但掛一漏萬,香港餐飲的發展日新月異,總不免要寫點新篇章討論一下香港豐富多彩的中餐圖景。

富臨飯店阿一鮑魚

先從老牌食肆說起。

一月以來,香港疫情厲害,許多餐廳紛紛暫時關門以避疫情。幸好在富臨飯店臨時休業前和朋友去吃了個午餐。二〇一三年我剛搬來香港時,富臨飯店還在駱克道舊址,後來被業主大幅加租於是搬去了信和廣場內。我平時甚少來銅鑼灣,因此去富臨飯店的頻率不高,二〇一四年第一次來這裡吃飯,把招牌的鮑翅肚都吃了個遍,印象不錯。最近看到他們推出懷舊腸粉,加之好久沒喝遠年陳皮熬製的紅豆沙,於是就來了。

富臨飯店是城中名店,由楊貫一(1932-)創立,商標註冊於一九七七年。坊間都稱楊貫一為一哥,他出身貧寒,母親離家,父親早逝;少時經歷戰亂,親歷兩個妹妹餓死的人間慘劇。十六歲拿著五十元盤纏從老家中山步行至澳門,後輾轉來港,進入當年皇后大道華人行頂樓的川菜名店大華飯店當學徒。之後一哥輾轉在多家酒樓食肆工作,從後廚到前廳都有涉獵。

一九七四年趁著股市大跌,租金下調,他與人合資創辦了富臨飯店,但在很長一段時間裡餐廳沒有找到適合的經營路線

和品牌策略，生意慘淡。當時的富臨飯店以小菜燒臘為主，而七十年代的香港經濟騰飛，是「魚翅撈飯」的年代，知天命之年的一哥轉變思路開始主攻鮑魚，踏上了新的征程。他認為坊間食肆的鮑魚做法都不夠精細，於是入手數十斤乾鮑開始試驗。在製作乾鮑菜式的過程中，一哥獲得梁伍少梅夫人指點，炭爐明火逐漸形成了阿一鮑魚現在的製作方法。

世人聽到富臨飯店自然會想到阿一鮑魚，我每次來也會點一道鵝掌扣吉品鮑。雖然富臨飯店創立於七十年代末，但招牌菜阿一鮑魚卻是一九八三年才創製出來的。隨著阿一鮑魚的名氣日盛，八十年代楊貫一還南下新加坡北上北京進行過客座表演，連鄧小平都品嚐過他的手藝。若說在內地名氣最大的香港廚師是誰，我想非一哥莫屬了。

如今一哥年事已高，餐廳由他的愛徒黃隆滔師傅主理。黃師傅加入富臨飯店的經歷可謂無巧不成書，他家中做雞蛋生意，一九九二年某日送雞蛋至富臨飯店得知廚房有空缺，於是毅然辭去原先的廚師工作來到富臨打下手，從頭做起。一做便是幾十年，做到了行政主廚的位置，並於二〇一九年為富臨飯店贏得米其林三星的評級。

那日黃師傅選用二十六頭舊水吉品鮑，所謂「舊水」是相對於「新水」而言，即窖藏了一定年份的乾鮑，具體年份沒有定數。在富臨飯店，儲存五年以上的乾鮑才可稱為「舊水」。乾鮑的選擇頗有講究，裙邊要完整，鮑魚嘴不能缺失；鮑身對光檢視要有通透感。儲存乾鮑也是一門學問，不可放在低溫雪櫃裡，不然不會有陳年的變化。常溫存放需要防蟲蛀和發黴；

上│阿一鮑魚（攝於富臨飯店）

下│魚翅釀雞翅（攝於富臨飯店）

天氣好時還需翻曬。至於能否有溏心則在於曬製手法，因此選料是關鍵的第一步。時間放得久了鮑身顏色變深，且會析出鹽分，猶如覆蓋了一層白霜。富臨飯店的乾鮑選料到位，泡發燉製得當，上桌後口感軟嫩，香氣突出，切開後內裡一般呈溏心，配上軟滑的鵝掌和一口米飯，正好將鮑汁全部吸淨。

作為傳統的富豪飯堂之一，除了乾鮑，這裡魚翅和花膠菜式也做得突出。單說一道魚翅釀雞翅，火候到位，炸得恰到好處，雞翅皮酥脂香。高溫使得雞油浸潤了裡面的魚翅，翅針一根根吸了雞肉的鮮味，油潤爽滑。錫紙包裹著的雞翅尖可千萬別丟棄，裡面的骨頭都已炸酥脆，越嚼越香。

不過別被海味乾貨嚇到，這裡的日常菜式也做得可圈可點。比如那日吃的蝦米蔥花腸粉普通得不能再普通，是香港人小時候放學回家路上的零食。富臨飯店將這款腸粉搬上精緻餐飲的餐桌，配上醬油、豬油、甜醬、辣椒醬和芝麻醬等，讓食客重溫兒時在街邊品嚐美味腸粉的懷舊時刻。

還有這裡的生煎東星斑也美味，表皮煎得酥脆，裡面還是鮮嫩多汁。如果覺得蒸魚吃多了想換換口味，可試一試。

上一次富臨飯店與 VEA 做聯手活動時，我聽黃師傅說，招牌的阿一炒飯是一哥在生意慘淡的情況下偶獲靈感所得。當年一哥去銀行談貸款，身心俱疲地回到飯店，叫大廚炒個飯給他吃，結果廚師都欺負他，說「要吃你就自己炒」。於是一哥憋著一口氣，自己去爐前用剩餘材料炒了個飯，邊吃邊神傷落淚。沒想到這逆境中的偶得，在後來演變成了飯店的招牌菜之一。這個炒飯用砂鍋製作，鍋底抹油，先炒雞蛋，再下米飯，

炒散後加入鮮蝦肉、叉燒片、瑤柱絲等輔料。炒入味後加入火腿汁，然後熄火撒上蔥花拌勻便可上桌。看似簡單卻乾鬆鮮美，不油不泄，鑊氣十足。

本身有朋友二月來港，聽聞富臨有遠年陳皮，於是拜託餐廳安排一道陳皮菜式或甜品。可惜因為疫情，朋友沒法赴約，於是就由我替他品嚐四十年陳皮熬製的紅豆沙。黃師傅進包房來介紹這款遠年陳皮時，還拿了罐十五年的陳皮粉末，建議我們嚐過四十年的陳皮之後，可以加點十五年的作對比。果然一對比就吃出不同，四十年的陳皮溫潤平衡，香氣悠遠，口齒留香。十五年的則橘香比較突出，有些沖，入到紅豆沙裡就顯得突兀了。

香港的老牌食肆多數是粵菜起家，看似每家都有相近的菜式，但其實仔細研究卻是家家不同，每一家都有自己的獨門秘笈。富臨飯店的招牌是阿一鮑魚自不用說，但尋常日子吃點簡單的點心和家常菜其實也有滋有味。

新漢記飯店

客家菜又稱「東江菜」，我們看陳夢因的《食經》可以知道戰後一段時間，客家菜在香港是頗為流行的。香港著名的老字號客家菜館泉章居便是一九四九年從廣東興寧市搬來的。歷史上客家人長途遷徙來到閩粵交界處，路途遙遠，鹽成為保存食物的重要工具。因此客家菜擅長用鹽，菜品味道較廣府菜偏油偏鹹。

不過這幾年泉章居品質下降得厲害，剛來香港的時候去過幾次，只覺廳大客雜，店家只顧做流水生意，菜品品質沒有保障。香港美食不少，於是好幾年都未想到吃客家菜。

直到後來聽說在新界東部的粉嶺有家叫新漢記飯店的客家菜館十分美味，可粉嶺距離市中心路途遙遠，一直沒有下定決心拜訪。幸得熟客朋友伍餐肉「肉哥」組局，終於坐了四十分鐘車去到粉嶺品嚐蘇偉漢師傅的手藝。疫情這幾年，無法出門旅行，去粉嶺竟有了一絲為美食而跋涉之儀式感。

車子停在粉嶺和豐街二十八號囍逸商場門口，一下車便看到碩大的新漢記燈牌。新漢記是二〇一九年才搬到這個商場地舖裡的，這之前近二十年，新漢記都駐守在歷史悠久的聯和墟裡。店名新漢記來自主廚兼店東蘇偉漢師傅的名字，大家都叫他「漢哥」。而這個「新」字是為了和他之前在沙頭角經營的漢記飯店作區別的。

進了餐廳，竟偶遇我很喜歡的一家餐廳 Neighborhood 的主廚黎子安（David Lai）。早就聽聞新漢記人氣頗旺，一來就遇到名廚可見此言不虛。大廳裡坐滿了人，每桌食客都歡聲笑語，輕鬆愉快。無論從桌椅碗筷還是菜單酒單而言，這都是一家服務地區的街坊店。那麼究竟漢哥的菜式有什麼獨到之處，無論街坊還是名廚食家都讚賞有加呢？

吃了幾個前菜後，我就明白——新漢記的菜式簡單質樸，勝在用料到位和調味精準。單單幾個前菜已經是跌宕起伏，讓人的味蕾好像坐過山車般興奮不已。漢哥善於發揮客家菜調味豐富的特點，且吸收了其他菜系的一些手法，令看似普

通的食材發揮出意想不到的潛能。

比如招牌的白灼豬蹄筋，一頭豬只有兩條，簡單白灼後保留了新鮮豬肉的香氣和鮮味。雖然不用配醬已糯軟鮮美，但用酸甜醬、黃芥末、調和醬油和辣豆豉各色醬汁搭配又是不同滋味。手抓本地羊的做法類似風沙羊肉，第一次意識到本地羊原來可如此鮮美。外皮炸得酥香，裡面的羊油滲出浸潤瘦肉，整塊羊肉都變得滋潤肥美，配上細磨的辣椒粉更增加一個層次感。

麻辣豆腐配油條實在普通，然而新漢記的版本勝在調味和口感的把握。麻辣味本是討喜的，油炸過的豆腐外酥裡嫩，與油條的油酥感頗有不同，兩種酥脆形成了有趣的對比。滷水豬生腸雖叫腸，卻其實是豬子宮連帶的輸卵管，簡單滷製，口感爽脆有層次感，是下酒好菜。

這裡的名菜紫洋蔥炒墨魚桶仔是每桌必點的，但要看是否有貨。漢哥選購的墨魚仔是燈釣而不是拖網所得，拖網的墨魚仔受到驚嚇會噴射墨汁，導致體內墨汁減少。這墨魚仔炒的油亮發光，看小蔥的焦痕便可知火力之猛了。墨汁與醬汁混合，一口咬入鮮味爆出，肉質細嫩，三下五除二就被大家一掃而空。

前菜輕重有致，味道濃郁的墨魚桶仔後再品嚐清鮮的蒸大尾魷魚（萊氏擬烏賊）丸，一下子將受到挑逗的味蕾平息下來。這魷魚丸子是手打的，不僅彈牙而且十分鮮甜，是真材實料加精細手工才能達到的效果。

雖然我是第一次去，但可以充分感受到漢哥對於自己烹飪的自信和瞭解。說起每一樣食材他都頭頭是道，從採購到處理及最後的呈現，他都有自己的想法。比如當日一道蒸蜆乾，只

上｜蝦醬蒸玻璃肉（攝於新漢記飯店）

下｜紫洋蔥炒墨魚桶仔（攝於新漢記飯店）

配了些簡單的薑蔥絲便已鹹鮮適口，越嚼越有味道。漢哥說很久沒有見到賣蜆乾的漁民了，這次遇到連忙全收。此類蜆乾都是漁家婦女自己曬製的，不同於工業製成，風味極為突出。漢哥自己就是漁民家庭出身，母親又是客家人，自然對本地漁獲十分瞭解。而曬蜆乾、鹹魚等活動想必是他難以抹去的兒時記憶吧。

城市發展日新月異，這些手工製作的食物越來越難找。再比如手工製作的蝦醬也越發難尋，在新漢記他們用蝦醬蒸玻璃肉。玻璃肉是指豬前腿內側帶皮的半肥半瘦肉，肉香濃郁，油脂豐腴，烹飪得當時便十分美味。蝦醬與其搭配起來，互相起到了制約之效。用一塊玻璃肉包少許蝦醬一起入口，既不會過鹹又不會肥膩，真乃妙法。

我想漢哥應該是個守得住寂寞的人。他在沙頭角長大，之後創業也依舊在沙頭角。眾所周知，沙頭角屬於禁區，需要許可證方能進入，一般客人是無法前去光顧的。但他就這樣在沙頭角經營了十年漢記飯店，於二○○○年才搬來粉嶺。守得住寂寞的人也往往是能夠靜下心去鑽研精進的人，據說入行三十年的他，每天還堅持去街市選購新鮮食材，和供應商保持密切的聯繫。從食材選購的功夫便可知道，他對烹飪這件事是盡心盡力的。

當日主菜有清蒸三斤的鷹鯧魚、油鹽焗奄仔蟹及乾咖喱炒鬼蝦，都是需要食材本身素質過硬的菜式。鷹鯧魚蒸得火候恰好，肉質鬆嫩，鮮甜爽口。奄仔蟹是未有受精產卵的雌青蟹，焗至蟹殼邊緣微焦，一打開香氣竄入鼻中，眼前所見是豐腴的

上｜蒸蜆乾（攝於新漢記飯店）

下｜油鹽焗奄仔蟹（攝於新漢記飯店）

明黃色蟹膏，令人食指大動。僅以鹽吊味，更凸顯出蟹肉的鮮甜。而且我選到的還是重皮蟹，運氣不錯。

其他菜式都是可圈可點，未有一道令人失望。尤其紅燒乳鴿，一撕開汁水橫流；入口發現皮脆骨酥，肉質卻維持軟嫩。全桌沉浸在啃乳鴿的樂趣中，只有咀嚼聲飄蕩席間。

雖然進入主食階段大家都已有飽腹感，但仍堅持品嚐了四種主食，因為確實道道精彩，讓人欲罷不能。水蟹粥清甜，正好緩衝一下，讓味蕾得以放鬆。九棍魚麵勁道中透著魚肉鮮味，而且有鑊氣；砂鍋鵝掌豬油撈麵則油潤惹味；麻辣肉蟹豬膶麵一上桌幾乎見不到麵和豬膶，被整整一隻肉蟹蓋著，翻開蟹肉，麵條已吸收醬汁精華，味道濃郁，是再飽都可以吃上幾口的。

最後紫薯芋頭煎堆作結，甜度適中，外皮酥鬆，忍不住吃了兩粒。

回程的車上細細回想每一道菜，它們都看似樸實，實則在烹飪和調味上有精確的思考和把控。整體口味偏重，但清淡菜式間雜其間，讓整餐飯的味覺體驗起伏有致。

新漢記這樣親民卻不隨意的餐廳如今越發難得，可以說是香港餐飲版圖中的有趣一筆。

唐人館（置地廣場）

去年五月聽食家謝嫣薇女士說，置地唐人館去年來了位新的廚長，會做外省菜，甚至還會做香港難覓的甜水麵。唐人館

的定位是以粵菜為主，兼顧中國各地菜系，先前做得並不突出，我一直很少去；但一聽甜水麵三字便決定要重訪了。於是謝女士組局，廚長的功夫給我留下了深刻印象，之後帶著朋友又去了好幾次。

甜水麵對於本地食客而言非常陌生，亦不在唐人館日常餐牌上，但舉凡去過成都的就該吃過這碗甜辣鮮香的勁道麵條。想起十多年前初訪成都，好友帶我們去文殊院的洞子口張老二涼粉，看家涼粉我們沒吃，就吃了一碗名氣最大的甜水麵。複製甜醬、紅油、蒜蓉、芝麻醬和花生混合而成的味覺體驗，令人一吃難忘；勁道的粗麵更是獨樹一幟。成都千變萬化小吃中，這口甜水麵可是我的「白月光」——出了成都再難吃到，在香港就更別想了。

第一次在唐人館吃甜水麵便有驚喜，其呈現自然不會和張老二一樣粗獷，但味道卻很正。廚師長張嘉裕出來打招呼，一聊才知道他的中餐底子雖是粵菜，但在內地工作超過十年，天南地北的工作經歷和對各地美食的好奇，讓他掌握了許多地方菜式。他的求知慾是推動他不停探索和推陳出新的動力所在。

甜水麵的麵條是他手擀的，因香港買不到這種「男子漢」（成都人對甜水麵的調侃稱呼）粗麵；而裡面的紅油、複製甜醬皆需親自製作。複製甜醬類似粵菜滷水，需香葉、桂皮、八角、草果等香料，配以紅糖、生抽和老抽燒煮而成。說來簡單，但調味比例不是一次即可掌握的，這一定是反覆調整的功效。

除了甜水麵，張師傅還做宜賓燃麵，香辣惹味又平衡。而北方（秦嶺淮河以北為地理與文化意義上的北方）的麵食也不

上｜甜水麵（攝於唐人館）

下｜麻辣炸子雞（攝於唐人館）

在話下，例如岐山臊子麵，他的臊子炒得正，油脂恰當、酸辣得體；酸湯調得更將一眾本港陝西館子都比下去，一解我對陝西麵食的思念。

白案既出彩，紅案也頗有驚喜。比如改良版的豆花魚，從麻辣變成了甜辣，增加了食趣又照顧到本地食客吃辣能力的參差。

廚長還思考如何將各地烹飪技法與粵菜融合，其中最招牌的就是麻辣炸子雞。此菜靈感源於粵菜炸子雞和江湖川菜辣子雞丁。廚長用廣式脆皮水風乾全雞，以川式紅油來淋炸，最後的出品皮脆肉嫩、麻辣鮮香，可謂川粵合流。而隨雞附贈的辣燴雞雜亦是伴飯利器。

東西南北中各地特色都能在張師傅這裡得到體現。深秋時節，蟹粉菜自然不能缺席。他的蟹粉小籠包不按套路出牌，竟將蟹粉小籠包放在蟹粉中，裡外都是蟹粉，滿足食客對蟹粉的慾望。

雖然廚長的思路天馬行空，但粵菜的底子十分扎實。比如三十年老陳皮菊香花膠燴蛇羹這種正統粵菜，溫潤鮮美去雕飾。這份收放自如，亦是我十分欣賞的。

不過下次去置地唐人館，我還想繼續給他出題，看看他尚能帶來哪些天南地北的驚喜。

永

二〇一九年四月上旬，我邀請了日本名廚木村康司[2]和

新留修司[3]來香港的麗思卡爾頓酒店客座。某天晚上結束工作後，約了他們一起去 VEA 吃夜宵。那段時間 VEA 主廚鄭永麒（Vicky Cheng）在忙完樓上的營業後，會不定時邀請朋友過去吃夜宵，夜宵的菜式並非法餐，而是他演繹的中餐。當時 VEA 還是個酒吧，我們坐在原先為簡餐和各類雞尾酒設計的小桌前開始了一頓豐盛的中式夜宵，從餐前水果，到小菜、主菜、主食和甜品全套齊備，十一點多吃到凌晨兩點。

當時只覺得鄭永麒師傅對於烹飪的熱情確實是二十四小時不缺席的，對於法餐和中餐他都有一樣的熱情。但我完全沒想到兩年後，他竟把 VEA 改建成了中餐廳，並以自己名字中的「永」來命名。在官網上，他解釋說，「永，這個字，象徵我對做人、做事永不放棄，更寓意我渴望把中菜神髓生生不息延續。」

一時間這新餐廳成了城中熱門，有人質疑一個法餐出身的廚師如何運營得好一間中餐廳呢，而我更多的是期待，因為我相信在未思量細緻的情況下，鄭永麒師傅是不會貿然行動的。

二〇二一年五月初第一次去永，鄭永麒師傅的太太 Polly 帶著我從前廳到後廚參觀了整家餐廳。廚房門口有個乾式熟成櫃，用來自製鹹肉和臘味，以及一些食材的熟成處理，比如炸子雞所用的雞肉便是熟成過的。廚房面積非常有限，但設備齊全，火力也夠猛，可烹製短火急炒的菜式。

第一次拜訪覺得菜品總體是美味的，但缺乏一種內在邏輯和理念去聯結起來。而且剁椒花膠飯在 VEA 也出現過，給人一種串場的感覺。新餐廳開業我一般都會等一段時間再拜訪，

因為整個運營動線順暢後，餐廳的出品才能開始穩定。於是一個半月後，我再次拜訪，整個體驗果然有了大幅度提升，無論是單品的創意，還是菜單的編排邏輯，都讓我十分滿意。此後每一次去都能感受到永的成長和進步，很快它就成了我城中最常去的中餐廳之一了。

永的菜品不受菜系捆綁，但絕不是沒有章法的，鄭永麒師傅在各大菜系中汲取靈感，並用自己的專業背景進行歸納和整理，最後形成一道道極具個人特色卻不脫離中餐框架的菜品。

蒜醋雞油花蟹鉗是最近推出的新菜，煮熟後的新鮮花蟹鉗了冷卻脫殼，淋上雞油，不用搭配蒜醋就已經非常鮮美。蘸少許蒜醋後蟹肉的甜味和雞油的鮮味更加凸顯。這道菜既符合食材處理的邏輯，又將減法和加法結合，在適當處加入個人創意，使得花蟹的美味獲得進一步激發。

臭豆腐蝦多士也是我很喜歡的一道菜，與大班樓的鹹魚臭豆腐可謂臭豆腐創新雙雄。臭豆腐和蝦多士除了都是油炸菜品外，我想不到其他共同點，但主廚卻將兩者巧妙結合在一起，不僅不突兀，甚至兩者的美味有一加一大於二的效果。深炸之後，多士酥脆，臭豆腐夠味，蝦肉鮮甜，只可惜小小一口根本不夠吃。

炸功是永的特長之一，另一道小菜松露蜜糖炸野生黃花魚也體現了這一點。黃花魚開腹後，炸得乾身鬆脆，魚皮起泡；配以松露蜜糖，香氣突出，酥脆至骨。而開業之初就有的煎蒸脆鱗馬頭魚靈感來自於日本的馬頭魚（甘鯛）的立鱗燒做法，魚鱗煎炸得酥脆，而魚肉維持合適的熟度，上桌後淋上蒸魚豉油。

上｜蒜醋雞油花蟹鉗（攝於永）

下｜臭豆腐蝦多士（攝於永）

雖然永不受菜系限制，但主廚出生於香港，來自紹興的外婆對他影響也很大，因此粵菜和蘇浙菜是他的中餐烹飪的兩個主要養分來源。

　　應該說粵菜還是永的框架基礎，比如和牛叉燒、羊腩煲、蛋白杏汁花膠湯、鮑汁花膠扒、三十三頭吉品鮑魚、粵式蒸魚、鹹白肉梅菜蒸馬友等等都是在粵菜邏輯內的。不過主廚有自己的演繹，比如羊腩煲中加入了年糕，調味改成了香辣，冬日吃起來更帶勁。

　　蘇浙菜的元素也不少見，比如開業之初就有的醉蟹、花雕嘴赤米蝦、糖醋本地黑毛豬等等。而將各式本港海鮮進行家燒處理也是主廚的一大嘗試，比如家燒青龍蝦、家燒花膠琵琶蝦等，於我而言都是非常有家鄉味道的菜式，平易近人卻精準美味。

　　上面說到羊腩煲中加入了香辣元素，對於各式辣椒的巧妙運用也是我很欣賞永的一點。辣味的加入是為了豐富菜品的調味層次，而不是令其失衡。坊間一些打著川菜旗號的餐廳時常忘記，傳統川菜講究一菜一格，百菜百味，而平衡是川菜味型的關鍵所在。永的新鮮口水泰安雞，用料奢侈，新鮮雞肉已甩開很多餐廳，再加上調配平衡的醬汁，麻辣鹹鮮，十分開胃。

　　而香辣炒蟹本身是市井菜式，經過主廚的調整，不但味道更為平衡，還加入了煎過的軟糯腸粉來搭配，菜品的結構感顯著提升。炒蟹的火候把握得當，蟹肉多汁鮮嫩。一般客流量大的炒辣蟹餐廳，自然做不到如此精度。

　　在蔬菜菜式上，主廚則化繁為簡，比如自製鹹白肉炒芥

上湯薑汁鶴藪菜（攝於永）

藍，一清二白再簡單不過，但兩種菜無論是自身的味道還是混合在一起的和諧感，都令人印象深刻。而上湯薑汁鶴藪菜簡直可用驚豔來形容，鶴藪白是香港著名的本地白菜品種，是學鬥白的親戚，近年來本地種植已越來越少。主廚將一整盤鶴藪白剝得只剩最嫩的菜心，上湯與薑汁簡單烹製後碼放整齊上桌。這其中的笨功夫和巧心思完美結合，食客吃到便領會到這份食不厭精膾不厭細的極致追求。

雖然每次去，主廚都會給我排上一張長長的菜單，到最後要扶牆而出，但甜品是另一個胃，時令水果、糯米糍和甜甜圈自然不能錯過。

在我看來，永還是一家正在進化中的餐廳，因此我不會在這裡下任何結論。總之在過去近一年的多次拜訪中，每一次的體驗都在精進，我感受到鄭永麒師傅對於中餐的把握越發遊刃有餘。

除主廚和菜品本身外，永的服務團隊也是餐廳有機的組成部分。每次去吃飯都好比去到他們家裡，服務員那種發自內心的熱情和友善讓人覺得賓至如歸。我個人非常期待永的每一道時令新菜，也非常期待它未來的新發展。

新榮記（香港分店）

第一次去新榮記還是在北京讀書的時候，一晃眼已過去十年有餘。學生黨囊中羞澀，去新榮記吃飯算件大事。來港工作後，回京見朋友總苦於找不到靠譜的餐廳聚餐，後來中國國際

貿易中心的新榮記開業，那裡就成了我們固定的聚餐地。

二〇一七年便聽聞新榮記要開來香港；次年一月還未正式營業，熟客朋友便邀我一同去品嚐。第一次去香港店，令我對新榮記的穩定性印象深刻，香港店的出品與北京幾乎沒有差別。新榮記的中央大廚房系統將高端連鎖餐飲的品控難題解決了，所有分店的出品方差都極低。

自從新榮記在香港開業以來，便幾乎成了我最常去的餐廳之一。首先其品質穩定，「食必求真，然後至美」是新榮記的理念，實踐中他們從食材源頭開始，步步把關，擁有自己的漁船和海鮮採購基地、果蔬基地；開業二十七年來，新榮記與各地的優質供應商建立了良好的合作關係。這是做高端連鎖餐飲必不可少的一步棋，新榮記佈局早，現在已建成穩定的供應鏈。

每個季節新榮記的水果都是我非常期待的，因為很多香港難以尋覓的家鄉水果都可從新榮記獲得。比如春天的小櫻桃、初夏的白枇杷、入夏的東魁楊梅、秋天的蒙自石榴、冬日的紅美人蜜柑都品質突出。

先不說新榮記招牌的各式海鮮，一些簡單的菜式對原料要求也很高，比如新榮記的名菜家燒蘿蔔片。這道菜簡單得不得了，卻異常美味。改刀均勻的蘿蔔片徹底煮透，吸收了鮑汁[4]的鮮味，配以少許辣椒提味，青蒜提香，一口咬下去軟糯多汁，回甘可口。不禁讓我想起小時候，在農村外婆家吃大灶鐵鍋煮出來的自家種的高山蘿蔔。

還有一道膠州大白菜蛤蜊鹽滷豆腐我也非常喜歡。樸素的白菜在蛤蜊的輔助下更加鮮甜，大塊的鹽滷豆腐豆香突出，冬

上｜家燒雜魚（攝於新榮記香港店）

下｜沙蒜豆麵（攝於新榮記香港店）

日吃這個菜整個身子都暖和了起來。

其次菜品覆蓋的菜系頗廣，台州菜自不用說。家燒各類鮮魚，無論是黃魚，還是梅童[5]，亦或水潺[6]和鯧魚都非常美味。有時候配上軟糯又帶點嚼勁的浙江年糕同煮，年糕吸收了魚湯的鮮味，變得更加有滋味，是我熟悉的家常味道。

黃金脆帶魚是第一次去新榮記就吃過的菜，也是浙江人家中常見的帶魚烹製手法。只不過新榮記的帶魚選得精細，掐頭去尾，改刀至大小統一。帶魚在油炸前需要控水風乾，出品效果便是色澤金黃，皮酥肉嫩，非常美味。

新榮記的沙蒜豆麵有鮮明的自身特點，相較於其他餐廳的版本更為濃郁。沙蒜即海葵，豆麵吸收了沙蒜的鮮味，裹著汁水吸入嘴中，淡淡酒香充盈鼻腔，配合舌尖上的鮮味，讓人一吃難忘。

清燉溪鰻不得不提，讓我想起小時候母親做的清蒸野生河鰻。河鰻有一種獨特的清香，只有在清蒸或清燉時才不會被調料或配料蓋過，但品質不好的河鰻則土腥味重，因此唯有高品質河鰻才可清燉。新榮記的清燉溪鰻軟糯鮮甜，香氣突出，卻無絲毫土腥味，功夫了得。

還有些海鮮湯羹也都可圈可點，比如酸菜望潮和花膠黃魚羹等。望潮即日本人所說的飯蛸，是一種短爪章魚，身體較小，卵煮熟後具有嚼勁，如同生米，故而得名。與酸菜同煮後，淡淡酸味更襯出它的清鮮。

這裡還有香港數一數二的新派北京烤鴨，如果愛吃酥且透著油香的鴨皮，就不能錯過新榮記的烤鴨；若喜歡老派的肥潤

填鴨，則可能要另尋去處了。不得不提新榮記的廣東乳鴿也炸得極好，一定要原隻上桌，手撕食用才能保證鴿肉裡的汁水不流失。

而裡面的湘菜和北方菜品也可以讓口味不同的朋友各得其所，人人都能挑出自己想吃的。比如湖南臭豆腐（紹興臭豆腐也是有的）、湘味野生甲魚、喜馬拉雅鹽烤內蒙風乾羊肉，甚至連北京炒肝兒和東北小雞燉蘑菇都有。

再者，香港店包廂為主，私密性比較好。因此無論是與朋友小聚，亦或工作會客，我都會想到新榮記。

一九九五年，品牌創始人張勇在浙江台州的臨海市三角馬路開了一家名為新榮記食府的大牌檔。隨後新榮記在地方做出名氣後，逐漸輻射周邊；二〇一〇年進駐上海，兩年後北京金融街店開業，逐漸成為全國性的餐飲品牌。張勇在近三十年前或許想不到新榮記可以獲得米其林三星。二〇一九年末，新榮記在北京寶格麗酒店中的分店獲得二〇二〇年北京米其林三星評價，並一直保持至今。這是非粵菜的中餐廳首次獲得三星，新榮記也從一家小城大牌檔登上了世界精緻餐飲的殿堂。

開來香港的頭一年並不順利，香港食客對東海海鮮的認知有限，加上一些無良媒體渲染，新榮記因高價野生大黃魚被人說成把食客當水魚[7]。殊不知野生大黃魚十分稀少，本來就是一分錢一分貨；浙江人最愛黃魚的蒜瓣肉質和鮮香，雖同是臨海，浙江與廣東的吃魚偏好可謂差別巨大。幸好經過幾年的經營，新榮記在香港獲得了普遍的好口碑，也獲得了米其林一星的肯定。

新榮記對台州的一大貢獻便是讓台州地方菜開始為人熟知。在傳統的浙菜體系中並無台州菜一說，浙南菜系以甌菜為代表。丘陵阻隔，台州的飲食習慣雖與溫州有相似處，卻也有自己的特色。不過新榮記並不定義自己的菜式，如前文所說，許多其他區域的菜品也被吸納進新榮記的菜單，讓食客有了百菜百味的選擇空間。

二〇一九年初回浙江過年，朋友邀請我去台州的新榮記靈湖總店吃飯。驅車一個半小時來到臨海，此地山明水秀，風景優美。靈湖店的室內設計花重金邀請了印尼著名設計師 Jaya Ibrahim（1948-2015），融合了中式的典雅和具有現代感的空間分割，為其他新榮記分店的設計風格定下了基調。

近水樓臺先得月，這裡的海鮮菜式確實選擇更多，新鮮度也更高。但這種區別是非常細微的，在物流發達的當下，新榮記爭分奪秒地將食材發往各地分店，意圖讓各地食客體會到「天涯共此時」的飲食體驗。我去過的各家分店除卻運輸時間外，在品控上幾無差別。不過疫情這幾年，海關收緊入港貨源，對香港店的食材有一定的影響。

我常調侃說，新榮記是一家品質穩定、出品美味的大牌檔。這說的是新榮記一路以來保持的質樸求真的心，即便門店的裝修設計越來越雅致美觀，器皿越發細緻講究，食材更加精選，但為食客製作直白美味菜肴的初心從未變過。

即便在新榮記香港店，你都看不到矯揉造作的擺盤，這也是我非常欣賞的一點。當代高端中餐常在擺盤上亂費心思，卻輕視了烹飪的本分。新榮記依舊以最樸實的呈現來表達精準和

穩定的烹飪，菜品入口那刻一切都會明瞭，也許這就是「求真至美」的含義所在吧。

甬府（香港分店）

寧紹兩地接壤，無論語言文化，還是飲食習俗上都有諸多相近處。我家鄉嵊州屬紹興，從市中心自駕九十分鐘便可抵達寧波市，若去奉化則更近。寧波菜是浙菜重要分支，善用海鮮，重鹹鮮。寧波文化輻射周邊，現代上海話以「阿拉」指代「我們」，便來自寧波話；本幫菜亦吸收了不少寧波菜特點。

寧波菜與紹興菜雖有不同，但相通之處更多。兩地都重醃製，魚鯗鹹肉是年貨必備；徽莧菜梗（寧波稱「莧菜管」）和臭冬瓜非本地人難以欣賞。在香港，蘇浙菜雖是粵菜之外最盛行的中餐菜系，然真正的紹興菜館卻無處尋覓。因此開業僅兩年的甬府香港店已成為我尋覓家鄉滋味的基地了。

第一次吃甬府總店是五年前去上海時。二〇一一年開業的甬府上海店坐落於歷史悠久的錦江飯店內，那一餐與朋友簡單聚會，吃了寧式十八斬、油渣芋芳羹、家燒鯧魚和寧波湯圓等招牌菜，印象很不錯。

二〇一九年十月得知甬府要開香港分店，試營業時便去拜訪了。甬府香港店在傳承上海總店的品質和風格外，具有一定的發揮空間；香港店的經理俞瓊和主廚劉震都來自寧波，對家鄉菜如數家珍，每一季都能為食客提供美味的時令菜品。於我而言，最可貴的是在此處可吃到久違的家鄉味和家常味。

上｜寧式十八斬（攝於甬府香港店）

下｜堂灼大黃魚（攝於甬府香港店）

油渣芋艿羹是道寧波家常菜，需用奉化芋頭，切粒蒸熟後，入鍋用少許油炒香，加水和醬油煮入味，稍事勾芡，最後加入豬油渣。家常版本成菜後芋艿還呈小塊狀，甬府則將其粗菜細作，芋艿成為了濃羹，是道入口綿化，豬油香氣濃郁的細膩菜式。

醉泥螺是從小家中必備的送粥利器，其中寧波泥螺名氣最大。甬府的醉泥螺選用慈溪泥螺，個頭不大卻鮮味十足，是熟悉的味道。在甬府還可以吃新鮮泥螺，開水汆燙後配上醬油撒上蔥花，滾油一淋便是蔥油泥螺了，肉質滑嫩，蔥香四溢，又是另一種滋味。

東海盛產優質梭子蟹，寧波人稱之為「白蟹」。小時候秋冬季節家中常吃梭子蟹，或蒸熟後蘸薑醋吃，或蔥薑快炒，或醬油年糕同炒各有不同滋味。在甬府，梭子蟹也有各種吃法。

寧式十八斬每桌必點。秋冬東海的優質梭子蟹，甬府以零下一百九十六度液氮急凍，令全年可用。十八斬指梭子蟹的斬件手法，刀工要淨，蟹肉不可沾骨，且每一塊都需帶黃。斬件後配上以黃酒、醬油及寧波近三百年歷史的樓茂記牌米醋為主料的醬汁，最後撒上些切碎的芫荽梗和薑米即可上桌。製作過程與潮州生醃頗有相似處，味型則全然不同，是鹹鮮中透著淡淡酸甜的浙江味道。蟹肉糯軟蟹黃鮮甜猶如吃冰淇淋般口感，一吃難忘。

每年過年，我家都會收到寧波朋友準備的鹹嗆蟹，蟹肉經過飽和鹽水醃製後變得更為鮮美有滋味。甬府的菜單上自然少不了嗆蟹，吃的是鹹鮮，味道較十八斬更為家常；還有蟹骨

醬，是將梭子蟹切碎後炒製而成。這兩個菜都令我倍感親切。

　　寧式鱔糊不同於蘇幫鱔糊（常見的響油鱔糊即是），吃的是清鮮。甬府的版本我非常喜歡，韭芽、蠶豆外還加了蒲瓜，最後淋上一勺熱香油，那香氣和鮮味吃過的人便知寧式鱔糊的高妙了。

　　蒲瓜是春末夏初常吃的蔬菜，離開家鄉後就很少吃了。除了寧式鱔糊外，蛤蜊燴蒲瓜也是一道妙用這一食材的菜式。飽滿清鮮的蛤蜊配上軟嫩鮮甜的浙東蒲瓜，鮮上加鮮。

　　以抱醃手法處理海鮮是浙東常見的家常烹飪方法，我母親時常抱醃帶魚和鯧魚；用鹽稍事醃製後，魚肉水分析出，鮮味更顯，而肉質更為緊實。在甬府抱醃的物件可能是黃魚、帶魚或鮸魚，令香港食客體驗到不同於廣式蒸魚的海魚處理手法。

　　前文提到寧紹人重醃製，菜品中不乏深度發酵而氣味刺鼻者，臭冬瓜和黴莧菜梗就是代表。考慮到本地受眾，甬府香港店並無這兩個菜，但水晶冬瓜是基於臭冬瓜改良而來的。水晶冬瓜將發酵程度控制在較為輕微的階段，令食客可嚐出發酵產生的淡淡酸味，而不至於不習慣。

　　不過俞總知道我是紹興人，有次拿出自己私藏的黴莧菜梗一解我的鄉愁。黴莧菜梗可謂臭氣熏天，同去的北方朋友叫苦不迭，我卻吃得開心。這菜吃的是醃製後的莧菜莖裡的鹹鮮汁水，實在是下飯利器。我家鄉的吃法是蒸製後蘸香油同食，會有一種複雜的混合香氣。而黴莧菜梗的汁水則是醃製紹興臭豆腐的基礎。

　　清明時節蘇浙滬一帶都要做青團青餃，不同於蘇滬的青

團，我從小吃的是青餃。去年清明，俞總和我說試製了青餃邀我品嚐。蒸籠一打開便親切得不得了，那種手切艾草才有的顆粒感和色澤，以及濃郁的艾草香氣，根本不是本港市面上的青團可以比擬的。而餡料也是筍丁雪菜肉末，清香鮮美，屬於妙品。

甬府的大肉包和薺菜水餃亦是人人稱讚的好滋味。我最愛他們的大肉包，老麵配上多汁足料的肉餡，蒸好後鼓鼓囊囊，透著淡淡肉汁色澤。包子要吃醜的，果然一咬下去面皮蓬鬆，餡料多汁，喚起了關於家鄉早餐店大肉包的遙遠記憶。

寧波湯圓舉世聞名，甬府的版本更是一絕。據說現在這方子是當年甬府創始人翁擁軍先生深入民間重金徵集而來的。經過多年的實踐，甬府已經形成了一套細膩精準的湯圓製作流程。黑芝麻是手磨而成的，為了保留顆粒大小不同的食感；豬板油去膜攪碎後加入綿白糖和芝麻碎反覆拌捏成餡；湯圓皮要用水磨糯米粉。即叫即做，絕無預先做好冷凍保存之理。

因餡料甜度較高，所以煮熟的湯圓配的是開水，僅以少量糖漬新鮮金桂點綴。上桌先聞桂花香，後品湯圓的油潤濃香。帶了很多朋友來吃甬府，這湯圓我說是全港第一，從無反對者。

甬府香港店的菜品很多，好吃的何止以上這些？我只挑了些令我倍感親切的家常味道討論，篇幅所限，就此打住。

一月十九日公佈的二〇二二年港澳米芝蓮指南中甬府香港店摘得一星，著實為他們感到高興。俞總和劉師傅都是具有使命感和信念感的人，甬府香港店開業兩年以來非常不容易，作為常在這裡一解思鄉之情的食客，更是希望他們可以基業長青，**繼續為香港餐飲版圖注入純正的寧波味道。**

鄧記川菜

說起川菜，想必多數人只會聯想到「麻辣」二字。殊不知傳統川菜是典型的融合菜系，吸收南北東西各家之長，融於四川地方特色，形成了「百菜百味、一菜一格」的川菜體系。在香港，要吃傳統川菜殊無可能，唯有鄧記的鄧華東師傅來港，才能一窺奧妙。

鄧師傅的大本營在上海的南興園，往年他每月都來香港的鄧記餐廳露幾手。可惜疫情阻隔，許久不能品嚐師傅手藝。幸得鄧師傅去年九月來港，終於可以打點傳統川菜的牙祭了。

機會難得，我一口氣預約了三天的位置，兩天吃傳統宴席，一天吃些家常味道。除了熱愛美食的朋友，亦邀請了本港一些名廚和食評人一探川菜奧妙，大家都吃得非常開心，亦獲益良多。

川菜常見味型達二十四個，放眼中餐體系，沒有一個主流菜系可以有傳統川菜那麼豐富的味型，因此一張宴席菜單的味覺體驗可以跌宕起伏、多姿多彩。

所謂「唱戲的腔，廚師的湯」，川菜以湯定格。千萬不要以為川菜都是辣的，高妙清鮮的菜品比比皆是。比如我三日點了三個不同的清湯菜，一曰竹笙肝膏湯、一曰仔雞豆花湯、一曰開水白菜。三個菜味道各有不同，但底子都是清澈見底的高級清湯。高級清湯需要鴨子、老母雞、火腿、排骨等原料，經過焯水、吊湯和掃湯三大步驟方成。掃湯是指用雞肉茸、瘦肉茸，微火將湯中的油分和雜質慢慢吸走，只留下淺茶色清湯。

開水白菜絕不是用開水去煮白菜，而是將蒸好的白菜心放入如開水般清澈的湯裡來成菜。當然論難度開水白菜只能算清湯菜中的入門級。

肝膏湯更是坊間難得一見的傳統川菜了。所謂肝膏由豬肝經過去筋、去腥及打茸過濾後與雞蛋清及水豆粉混合製成肝漿，上鍋蒸製而成；隨後與竹笙一起入清湯成菜。做得好的肝膏不能有明顯的氣泡，不能破裂，入口要鬆軟滑嫩。鄧師傅的肝膏隨湯在口中化開，肝香濃郁，十分美味。

竹笙肝膏湯已製作複雜，不過若要講究起來，還可以用竹笙墊底配合各類糝蒸製成蝴蝶形狀，與肝膏相配組成蝴蝶竹笙肝膏湯，即為高級宴席裡著名的二湯菜。二湯菜是川菜傳統宴席中在第一道熱菜後上桌的湯品。

打糝是傳統川菜的重要技巧，雞糕、雞蒙葵菜等名菜中都要用到，我們後面再討論。

第三個要講的是雞豆花湯，用雞肉模擬豆花口感，是典型的「吃雞不見雞」菜式。雞脯肉經過去筋、刀背捶打成茸後，用冷清湯解散，加入蛋清、水豆粉、清湯及鹽等同向攪拌成糊；再燒開清湯將雞糊倒入，微火煮至凝固如豆花狀即可出鍋，注入清湯，撒上火腿末即是一碗可以假亂真的雞豆花湯了。

鄧師傅在港為我們製作了雪花蝦淖。這道菜脫胎於雪花雞淖（更文雅的稱呼是「雪花鳳淖」），因形如泥淖、色白如雪，故稱「雪花雞淖」。為何用蝦而不用雞？因為當晚菜譜中已有宮保雞丁，川菜宴席的規矩熱菜主材不能重複，於是鄧師傅以蝦代雞，來了一個吃蝦不見蝦。

上｜竹笙肝膏湯（攝於鄧記川菜）

下｜宮保雞丁（攝於鄧記川菜）

傳統上雞淖由雞漿軟炒而成，準備步驟與雞豆花類似，不再贅述。雞淖、雞豆花和芙蓉雞片三個菜可說是同一技法的三種妙用。蝦淖亦取法類似，炒製要用化豬油方夠香滑。炒完裝盤後可在上面點綴金華火腿末，四川話稱之為「火腿蒙子」。淖類菜中可加入不同食材共同炒製，比如四季時令菜蔬改刀成細粒一同炒製，或加入魚翅，則成為雪裡藏針（雞淖魚翅）等。

　　再來說川菜中的打糝，這是川菜中的烹飪技巧，乃用各類肉混合豬肥膘、雞蛋清和水豆粉打至上勁。這是項十分重要又費功夫的傳統烹飪技巧，在川菜中用處很多。除了常見的雞糝外，還有蝦糝、扇貝糝、魚糝、豬肉糝和兔糝，還有豆腐糝（需加入肉類一起打製）等等。鄧師傅為我們製作的腰果鴨方裡便使用到了雞糝，而另一道經典菜雞蒙葵菜亦以雞糝為主料。

　　以雞糝為例，製作時選脂肪較少的雞柳或雞脯肉，除去白膜，用刀背反覆捶打，邊捶邊挑去血管。後改用刀口繼續剁，至十分細滑。另備豬肥膘肉以同樣方法以刀背捶成細茸，偷懶的做法則是直接用化豬油。之後用冷湯解散，加入豬肥膘茸或化豬油攪拌，再加入雞蛋清及鹽、胡椒麵和水豆粉等順著一個方向不停攪拌至發白發亮。

　　在這個過程中肉茸吸入大量水分，空氣也混入其中，形成了蓬鬆有黏力的半固體。確定糝是否製作成功，只需取少許放入清水中，若漂浮不沉即成。不同菜品的雞糝稀稠度要求不同，例如做雞蒙的要稀一點，製糕餅的則不能太稀，因此在攪拌過程中可根據情況分次添加冷湯。

　　鄧師傅做的腰果鴨方第一層用雞糝蒸製定型，之後經過油

煎成菜。雞糕入口細膩蓬鬆，口感輕柔，鮮味突出，食客一吃只品出鮮味卻難以捉摸製法，是非常有意思的體驗。

雞蒙葵菜則是用冬莧菜菜心（其他蔬菜或竹笙亦可）裹上雞糝，通過沸水令其成型，此菜製作難度不小，打糝稀稠度不對便容易失敗。

淖和糝是傳統川菜製法複雜、菜品體系龐大的體現。鄧師傅常打趣說，這就是中餐的分子料理。誠然如是，傳統中餐烹飪裡這類打破食材原有結構再重組成菜的技法不少，只可惜瀕臨失傳者眾矣。

傳統川菜宴席中，海味並不少見。比如鄧師傅給我們做的敘府廣肚和肝油海參。有朋友以為這些海味菜是鄧師傅創作的融合菜品，真可謂大錯特錯。

川菜本是個融合體系，但這融合發生在上百年前。海味入川的歷史十分悠久，傅崇矩一九〇九年出版的《成都通覽》中已有大量海味菜，如麻辣海參、紅燒鮑魚塊、雞鬧魚翅（原文如此，「鬧」應為「淖」之誤）、玻璃魷魚等。這些海味菜是地地道道的川菜，並不是什麼融合菜、創意菜。

海味入川與人口遷移及經濟發展密切相關。由於戰亂，四川在歷史上曾人口銳減，局勢穩定後發生了幾次大的移民潮，影響最大的是元末明初和康熙平亂後的兩次大移民行動，史稱「湖廣填四川」。入川民眾多來自舊制湖廣省，即今湖南、湖北南部及粵北。除此之外，兩廣和江浙移民亦不在少數。各地移民帶來各自的飲食習慣；隨著經濟發展，各地行商又帶來異鄉烹飪手法。沿海的飲食習慣逐漸扎根於川菜的基因中，沿海

菜系的影響在百餘年前已生根。

四川地處內陸，海鮮的輸入在很長時間裡都面臨現實困難。當地人要吃海產，多數只能靠乾貨；富人自可吃得起海參、魚翅、花膠和乾鮑之類的名貴海產，普通民眾則多數只能以乾貝、魷魚等打牙祭。經過長時間的發展，川菜處理乾貨的技法漸趨成熟，絕不輸於沿海菜系。

以鄧師傅本次來港給我們做的海味菜為例，先說敘府廣肚。水發花膠（魚肚）改塊，在乾燒基礎上，減辣增香；魚肚燒入味後，糯軟可口。底下配一小口蛋麵，將芽菜、肉末和筍丁裹淨，是剛剛好的搭配。敘府乃宜賓的代稱，源於明朝敘州府舊制。川菜的海味烹飪受魯菜影響最大，魚肚多用油發，取其蓬鬆吸味，例如名菜菠餃魚肚。鄧師傅創作這道菜時，借鑒了粵菜的水發法，使魚肚保持軟糯，是傳統基礎上的合理發展。

再說海參，川菜中的肝油海參獨具一格，取味鹹鮮，汁濃參糯。此菜用粗豬肝和豬的雞冠油（即豬網油頭上形若雞冠的部分）入饌，豬肝和雞冠油焯水後改小塊，用高湯、薑、蔥、黃酒、鹽、糖色、醬油及胡椒粉等燒沸打沫，慢慢煨成濃汁。待肝酥油亮時，用紗布袋包著焯過水的海參放入汁中燒製，入味後勾芡。肝與海參一起裝盤，淋上芡汁即可。

魚翅和鮑魚也是川菜中常用的海味，例如酸辣魚翅、鴨包翅、鮑魚燴雞片、繡球鑲鮑魚等，囿於篇幅，不再展開。提一句較為家常的鍋巴魷魚，也是川菜利用海味的名菜。鹼發魷魚燴成大荔枝味（酸甜），鍋巴炸成金黃，先上鍋巴，再當著客人的面淋上燴魷魚，「刺啦」一聲響頗有表演效果。抗戰時，

肝油海參（攝於鄧記川菜）

這道菜在陪都重慶很受歡迎，被稱之為「**轟**炸東京」，當然這是題外話了。

讓川菜真正獨樹一幟的，是它的調味和馭火之功。正所謂「南菜川味、北菜川烹」，許多菜式入川後都有了獨特的川味。而川菜在小煎小炒方面更是有獨到之處。

四川盛產各種調味品和香辛料，如自貢井鹽、郫縣豆瓣醬、永川豆豉、閬中保寧醋、漢源花椒、成都二荊條等，川菜擅調味是順理成章的。複合味型烹飪的基本要點是平衡和準確，失衡便會令人不適，這是傳統川菜與江湖菜的根本區別。

以鄧師傅來港為我們做的豆瓣鱠魚為例，此菜追求味香魚

嫩、辣中帶甜酸，是道複合味型菜式。鱖魚刮鱗去內臟後洗淨，剞花刀碼味。之後以七成油溫入鍋炸製半熟；鍋內留適量油，下切細的豆瓣醬炒出紅色，再入薑蒜蔥末炒香，加湯後下魚。在煮的過程中用醬油、白糖、料酒進行調味。待魚肉入味取出裝盤，湯汁以水豆粉勾芡，再放醋和蔥花調味增香，之後澆在魚上即成。每一步的火候和調味比例都需精準把握。

再說講究麻辣鮮香酥嫩整燙的麻婆豆腐，也是川菜擅調味和運火的範例。清末麻子臉寡婦陳劉氏在成都北郊萬福橋頭經營陳興盛飯舖，運油工常自帶些殘油和肉末請她與豆腐同煮，她在這個過程中加入了辣椒麵、青蒜和花椒麵，逐漸形成了原始的麻婆豆腐。麻婆豆腐的調料多，如何去平衡這些調料的比例是關鍵所在。鄧師傅的版本香氣足，麻辣平衡；他將青蒜改得更細，因為現在青蒜不如以前味濃，這是根據食材特點做出的調整。

手工菜靠時間和步驟到位，可慢工出細活，有修正機會。小煎小炒菜講究急火短炒、一鍋成菜、芡汁現炒現對，沒有修補餘地。鄧師傅不在港時，我常戲言無處可尋合格的川菜小炒。

以宮保雞丁為例，此菜據說是四川總督丁寶楨（1821-1886）發明的。他逝世後被追贈太子太保，故後人稱「丁宮保」。經過歷代川廚的整理和發展，宮保雞丁成為了糊辣味小荔枝口的經典菜。所謂糊辣是指乾辣椒入油炸至深棕紅，香氣得到釋放的狀態；小荔枝口說的是甜中帶微酸，像荔枝；大甜大酸就成了糖醋味。鄧師傅的版本以帶皮雞腿肉入菜，因其更嫩更吸味。他的碗芡調得準，入口後微甜微酸，尾韻有淡淡辣

味和花椒的香氣，十分平衡。

再說一道隨飯菜青椒肉絲，這是典型俏葷菜，即素配料多過肉類主料的葷菜。青椒不是甜椒，是青二荊條辣椒。肉絲碼味後加蔥薑水、水豆粉、蛋清和清油抓上勁。熱鍋加入菜籽油和豬油，四五成熱下肉絲炒散，入薑蒜絲和甜麵醬炒勻，加青椒絲炒至斷生，烹入碗芡略炒即成。整個過程短暫，聽上去也簡單，但如何炒得肉絲嫩而不脫漿，青椒熟度剛好，並非一朝一夕可練就。

以上兩道菜一為丁一為絲，故配菜也應分別切方片和切絲，以利入味和美觀，這是配菜上的細節，馬虎不得。

相信多數人想到川菜不會將其聯繫到甜品二字上。其實傳統川菜的甜菜品類十分豐富。

例如甜燒白，是普通四川人家都會製作的，更是傳統田席中不可或缺的九大碗之一。田席顧名思義是鄉間進行的宴席，乃四川農村婚喪嫁娶時的宴席儀制。這裡不說田席，只說甜燒白一道。

川菜有鹹燒白，做法似梅菜扣肉，不過用的是宜賓芽菜。甜燒白則是它的甜品版，由於白肉夾著豆沙（或芝麻花生等炒製的糖沙），因此又叫「夾沙肉」。豬肉要選五花，煮熟抹上紅糖晾涼，切成二薄片一組的夾沙片；糯米蒸熟後拌入紅糖；豆沙用熟豬油炒香，之後將豆沙夾入兩片白肉之間，在蒸碗底部將肉片鋪好，再放入糯米同蒸。出鍋後用盤子扣在蒸碗上，翻轉取出，再撒上白糖即成。

以豬肉入甜菜古已有之，且中西皆有，但用如此多分量的

雪花桃泥（攝於鄧記川菜）

白肉來做甜菜卻是川菜獨有。肥肉經過蒸製已化開，滋潤了豆沙和糯米，令每一口都鮮香甜糯。鄧師傅製作的甜燒白家常卻不簡單，令第一次吃到的朋友大為驚歎。若是高級宴席，還可將豬肉捲著豆沙，做成形態更複雜的龍眼甜燒白。

再說道名為八寶鍋蒸的川菜甜品，其僅以麵粉（亦可添加糯米粉）為主料，製作完成後卻香柔甜滑。鍋燒熱放足豬油，油熱下麵粉炒製；至金黃，適量添水，炒至水油混勻，再加白糖調味。最後加上百合、核桃仁、蓮子及蜜櫻桃之類的輔料炒勻即成。

這道甜品或起源於北京魯菜名店同和居的看家甜品三不

沾。然三不沾用的是雞蛋和太白粉混成的麵糊，炒製時加油不加水，也無八寶料。此菜早年由成都一家清真菜館做出名，可能是隨北方商旅傳入四川的。原始做法亦是調麵糊再炒製，之後放碗中蒸製，客人點了再拿出扣在盤中，故名「鍋蒸」。後來製作手法改良，即炒即吃，不再經過蒸製，卻沿用了舊名。

八寶鍋蒸體現川菜海納百川的特點，玫瑰鍋炸亦是。鍋炸起源於北方小吃炸餎饊，用的是豆麵。後經魯菜廚師改良為鍋炸，成為甜品；北京萃華樓的香蕉鍋炸當年便十分出名。

此菜進入川菜後，製作方法大體相同。雞蛋麵粉及水豆粉調勻，將麵糊炒熟；然後靜置在抹過油的盤中，冷卻凝固後切長條，裹乾豆粉炸至金黃；再在鍋中化開白糖至鼓大泡時倒入鍋炸條及糖玫瑰炒至反沙即可。

當年江孔殷在京城受此炸餎饊啟發，改良成了將高湯裹炸在內的版本，成為了經典粵菜太史戈渣。

鄧師傅是次來港，還製作了雪花桃泥。這也是用豬油炒製的甜品，不過用的是玉米麵（偷懶版本用吐司片）、蛋黃和水混成的麵糊。桃指的是核桃，此外還要放些糖櫻桃、荸薺之類的輔料。雪花則是打發的雞蛋清，即北方所說的「高麗糊」。高級宴席上，廚師還會在雪花上拼些吉慶圖案和文字。

傳統川菜的甜品還有很多，如波絲油糕、網油棗泥卷、龍眼枇杷凍等，囿於篇幅不再贅述。

總之川菜味型多變，除了鹹酸苦辣，還有甜甜蜜蜜。

結語

　不知不覺間已寫就萬字有餘，香港的中餐廳眾多，體系龐雜，若要細細道來恐怕又要多寫幾篇才可，於是就此打住。

　香港雖只有七百多萬人口，但大家來自五湖四海，此地可說是地域文化的熔爐。各地菜式在這裡生根發芽，經年累月形成了現在多樣化的中餐格局。「為有源頭活水來」，香港只有繼續維持海納百川的氣度，才能在各方面保持這不拘一格的多樣性。對於未來香港中餐的發展我有許多期待，也希望香港餐飲界與內地可有更多聯動，為本地餐飲更添佳作。

註

1. 本篇寫作於二〇二二年二月，提及之餐廳均基於實際探訪。
2. 東京名店すし喜邑（Sushi Kimura）店主。
3. 名古屋名店天ぷらにい留（Tempura Niitome）店主。
4. 這鮑汁配方據說來自楊貫一。
5. 即香港所說的獅頭魚，是一種接近黃魚的石首科魚類。
6. 即香港所說的九肚魚。
7. 這是粵語中「宰客」的意思。

鐘鳴鼎食之家的粵菜往事 ——
《蘭齋舊事與南海十三郎》

　　《蘭齋舊事與南海十三郎》是一本非常薄的書，作者江獻珠乃晚清廣東名士江孔殷的孫女。

　　說到江孔殷三字或許聽著陌生，但若說「太史公」則多數人都知道。倒不是說大家都瞭解這段歷史，而是太史公菜式傳承至今，有很多已經成為粵菜中的經典，比如太史五蛇羹、戈渣、欖仁肚尖、炒桂花翅等等。即便不知道太史公是誰，也都聽說過這些菜。

　　江獻珠的這本書便是將自己童年對於江家鐘鳴鼎食時期的回憶，為粵菜往事提供了些第一手的資料佐證。這些文章最早多是發表在雜誌報刊上的，後來由萬里機構結集出版，經過若干次增刪，將有關南海十三郎江譽鏐（1910-1984）的內容也一併加上，成為現在的模樣。作者去世後，這便成了最終的定本。

　　江孔殷是晚清最後一屆科舉進士，曾入翰林院，故人稱「太史公」。在辛亥革命後，他一度成為廣東非常重要的政治人物。諸多有頭臉的人都是江家的座上賓。在鼎盛時期，太史公府邸研

製出不少美味菜式，人稱「太史菜」。而江孔殷也被人譽為「百粵美食第一人」。

他一生愛好美食，雖不做實際烹飪操作，但對食物多有研究。其在番禺蘿崗一度開設江蘭齋農場，種植家中食用的各類蔬菜水果。蛇羹宴客時的大白菊便用農場所產的。種種往事給童年的江獻珠留下了深刻的印象。

雖然江獻珠成年後江家便在世事動盪中沒落了，但小時候偶爾品嚐到（兒童不可與成人同桌吃飯）的種種美味在她記憶深處開花結果，至四十歲她開始下廚，並逐步開始撰寫傳統粵菜菜譜。這本書雖不是菜譜，卻提供了許多菜品背後的歷史故事，使得食客與烹飪愛好者都可以更好地把握一道菜的前世今生，從而真正吃懂這些經典的菜式。

書中還有諸多有趣的細節。譬如江家末代家廚李才在江家沒落後，流入尋常人家，甚至當過日佔時期偽港督磯谷廉介的家廚；後在江太史好友、恒生銀號（恒生銀行前身）創始人何添的幫助下，李才去到宏興俱樂部工作。一九六二年舊恒生大廈（現盈置大廈）落成，其中有非盈利的餐廳博愛堂，李才便開始擔任博愛堂的顧問。李才在博愛堂還培養了好幾位名廚，如桃花源小廚的創始人黎有甜等。

時至今日，恒生銀行博愛堂都是品嚐太史五蛇羹的最佳餐廳之一。可惜它並不對外營業，筆者碰巧去品嚐過蛇羹。除了博愛堂，自然還有大名鼎鼎的崩牙成，李成是李才堂侄，得其嫡傳。但可惜崩牙成也是不接生客的私房閉門宴。這些都是書本之外的題外話了，關於崩牙成，以後再來細說。

這書的第二部分寫的是粵劇名編劇南海十三郎的往事，其乃江獻珠之叔叔。江家豪門四海，族系繁多，江獻珠對於江譽鏐的記敘眼見為少，道聽為多。但她經過多方求證，寫下了較為確證的部分，以正視聽。尤其是在杜國威編劇、謝君豪主演的話劇《南海十三郎》火遍大中華區後，江獻珠的這段小傳便顯得更為重要了。雖這一內容與飲食無涉，但讀來亦頗有趣味。

江獻珠的語言整體較為古樸，有書卷氣，可以看出她幼年時的私塾教育底子。斯人已仙去，而她的童年往事更淹沒不可聞，唯有這寥寥數萬字的回憶錄存世。太史公府邸也早已了無蹤影，據說廣州北園酒家中保留了老宅的一些結構和裝飾，下次打算去看看。

快節奏的社會，凡事往往以簡化繁，留得一個模樣便好交差，烹飪也常見這樣的浮躁習氣。希望好的菜式可以得到傳承，並得到科學合理的發展，這才是美食生命延續的理想狀態。

二〇一七年一月十六日，於香港。